Schriftenreihe aus dem Institut für Strömungsmechanik

Herausgeber
J. Fröhlich, S. Odenbach, K. Vogeler

Institut für Strömungsmechanik
Technische Universität Dresden
D-01062 Dresden

Band 14

Claudia Liersch

Anwendung und Weiterentwicklung r-adaptiver Gitter am Beispiel meteorologischer Strömungen

TUD_press_
2015

Die vorliegende Arbeit wurde am 26. Juni 2014 an der Fakultät Maschinenwesen der Technischen Universität Dresden als Dissertation eingereicht und am 30. Januar 2015 erfolgreich verteidigt.

This work was submitted as a PhD thesis to the Faculty of Mechanical Science and Engineering of TU Dresden on 26 June 2014 and successfully defended on 30 January 2015.

Gutachter | Reviewers
Prof. Dr.-Ing. habil. Jochen Fröhlich, TU Dresden
Prof. Dr. Ir. Bernard Geurts, TU Eindhoven

Bibliografische Information der Deutschen Nationalbibliothek
Die Deutsche Nationalbibliothek verzeichnet diese Publikation in der Deutschen Nationalbibliografie; detaillierte bibliografische Daten sind im Internet über http://dnb.d-nb.de abrufbar.

Bibliographic information published by the Deutsche Nationalbibliothek
The Deutsche Nationalbibliothek lists this publication in the Deutsche Nationalbibliografie; detailed bibliographic data are available in the Internet at http://dnb.d-nb.de.

ISBN 978-3-95908-026-2

Verlag der Wissenschaften GmbH
Bergstr. 70 | D-01069 Dresden
Tel.: 0351/47 96 97 20 | Fax: 0351/47 96 08 19
http://www.tudpress.de

Gesetzt vom Autor. | Typeset by the author.
Printed in Germany.

Anwendung und Weiterentwicklung r-adaptiver Gitter am Beispiel meteorologischer Strömungen

Von der Fakultät Maschinenwesen

der

Technischen Universität Dresden

zur

Erlangung des akademischen Grades

Doktoringenieur (Dr.-Ing.)

angenommene Dissertation

Dipl.-Ing. Liersch, Claudia

geboren am 28. Juli 1982 in Wurzen

Tag der Einreichung:	26. Juni 2014
Tag der Verteidigung:	30. Januar 2015
Gutachter:	Prof. Dr.-Ing. habil. Jochen Fröhlich Prof. Dr. Ir. Bernard Geurts
Vorsitzender der Promotionskommission:	Prof. Dr.-Ing. Klaus Wolf

Die Arbeit entstand während meiner Tätigkeit als wissenschaftliche Mitarbeiterin am Institut für Strömungsmechanik der Technischen Universität Dresden. Finanziert wurde meine Forschung durch das Schwerpunktprogramm 1276 Metström: ”Skalenübergreifende Modellierung in der Strömungsmechanik und Meteorologie” der Deutschen Forschungsgemeinschaft.

Besonderer Dank gilt meinem Doktorvater Herrn Prof. Jochen Fröhlich, der mir die Chance gegeben hat diese Dissertation am Institut für Strömungsmechanik in einem interdisziplinären Projekt anzufertigen und mit vielen fachlichen Diskussionen zum Gelingen der Arbeit beigetragen hat. Herrn Prof. Jens Lang möchte ich für die langjährige Zusammenarbeit und Unterstützung im Rahmen des MetStröm Projektes danken.

Für die jederzeit freundliche Arbeitsatmosphäre am Lehrstuhl für Strömungsmechanik möchte ich mich bei allen Kollegen und Kolleginnen bedanken.

Der wohl größte Dank gebührt meiner Familie und meinen Freunden. Meine Eltern, Schwiegereltern und Freunde haben mich stets unterstützt und bestärkt den Weg bis zu Ende zu gehen und diese Arbeit zu beenden. Für die Ermutigungen, den Rückhalt und das immerwährende Verständnis kann ich meinem Mann Ronald nicht genug danken. Ohne meine beiden Kleinen, Benjamin Damian und Sophia Mathea, wäre meine Welt nicht vollständig.

Claudia Liersch, geb. Hertel

Inhaltsverzeichnis

Kurzzusammenfassung

Die numerische Simulation turbulenter, dreidimensionaler Strömungen hat in vielen Ingenieursbereichen Einzug gehalten. Dabei entstehen hohe Anforderungen an die eingesetzten Methoden. Da sich die zu berücksichtigenden Skalen über mehrere Größenordnungen erstrecken ist die räumliche Auflösung von besonderem Interesse und ein häufig limitierender Faktor durch die zur Verfügung stehenden Rechnerkapazitäten. Die Methode der LES (Large Eddy Simulation) kann hierbei einen Ansatz liefern zur Reduzierung der Gitterpunkte, jedoch ist die benötigte Zellenanzahl für ingenieurstypische Anwendungen noch immer sehr hoch. Ein äquidistantes Gitter ist aber oft nicht notwendig, da zumeist nur in räumlich stark begrenzten Gebieten eine erhöhte Auflösung benötigt wird. Der in dieser Arbeit eingesetzte Ansatz der bewegten Gitter bietet die reizvolle Möglichkeit Gitterpunkte in Regionen von Interesse zu konzentrieren und die übrigen Gebiete entsprechend grob aufzulösen. Dadurch kann, bei nahezu gleicher Güte des Ergebnisses, die Anzahl der Berechnungspunkte deutlich reduziert werden und damit Rechnerressourcen geschont werden.

Im Mittelpunkt der vorliegenden Arbeit steht eine Methode zur Umverteilung einer gegebenen Anzahl von Gitterpunkten, eine sogenannte r-adaptive Methode und deren Einsatz im Rahmen turbulenter, dreidimensionaler Strömungen. Für die Bewegung der Gitterpunkte im Raum wird in jedem Zeitschritt mit Adaption eine MMPDE (Moving Mesh Partial Differential Equation) zusätzlich zu den Erhaltungsgleichungen für Masse, Impuls und gegebenenfalls der Energie gelöst. Diese steuert die Gitterbewegung anhand eines vorgegebenen Kriteriums. Ein Hauptanliegen der Arbeit ist es die notwendigen Schritte der Realisierung dieser bisher häufig nur für mathematische Beispiele genutzten Methode im Zusammenspiel mit einem bereits bestehenden Strömungslöser darzulegen. Die im vorliegenden Löser eingesetzte Finite-Volumen-Methode ermöglicht neben der intuitiven Wahl der Zelleckpunkte für die Bewegung auch die Option der Bewegung von Zellmittelpunkten durch die MMPDE, da an diesen diskreten Punkten alle physikalischen Größen gespeichert sind. Die während der Umsetzung auftretenden Schwierigkeiten und die notwendigen Erweiterungen und Anpassungen der Methode werden ausführlich diskutiert.

Erste Anwendung findet die Methode für die Strömung über periodische Hügel, eine dreidimensionale turbulente Strömung, bei der die Adaption anhand statistischer Größen erfolgt. Ziel ist hierbei für ein deutlich vergröbertes Gitter eine gleichwertiges Ergebnis hinsichtlich der in Zeit und in Spannweitenrichtung gemittelten Größen der Strömung zu erzielen. Verschiedene, zumeist LES-spezifische, Kriterien werden untersucht und ihre Eignung für den Testfall bewertet. Es zeigt sich, dass besonders die Produktion der Turbulenten Kinetischen Energie und der Gradient der mittleren Geschwindigkeit in Hauptströmungsrichtung Ergebnisse nahe der Referenz zeigen auf einem Gitter das um den Faktor 30 vergröbert wurde.

Die Anwendung der r-adaptiven Methode in gekrümmten Geometrien zeigt ein ungewolltes und zuerst unverständliches Verhalten, das besonders im Falle eines uniformen Kriteriums sichtbar wird, aber auch bei Anwendung verschiedener Kriterien eine zusätzliche, ungewollte Gitterbewegung einträgt. In einem ersten Schritt wird die Ursache dieses Problems analysiert und anschließend werden verschiedene Lösungsansätze diskutiert.

Als zweiter Testfall wird die dreidimensionale Strömung in einem rotierenden Zylinderspalt mit aufgeprägtem Temperaturgradient in radialer Richtung untersucht. Die dabei auftretenden baroklinen Wellen stellen eine große Herausforderung für die Methode der Gitterbewegung dar. Es erfolgt eine instationäre Adaption zur Verfolgung der sich relativ bewegenden Welle anhand verschiedener, an den Testfall angepasster Kriterien. Die unveränderliche Anzahl an Gitterpunkten während der Adaption und die kontinuierliche Verfolgung der Welle zeigen für diesen Testfall die Grenzen der r-adaptiven Methode auf.

Abstract

The numerical simulation of turbulent three-dimensional flows found its way in many fields of engineering applications. High requirements arise for the methods employed. As the scales, that need to be resolved, vary over several orders of magnitude the spacial resolution is of particular interest and a limiting factor in many applications due to the available computer capacity. The LES (Large Eddy Simulation) approach can provide a reduction of the number of grid points needed, however the size of a grid, required for typical engineering applications, is still high. An equidistant grid in the whole computational domain is often not needed, as usually a high density of cells is only required in spatially limited regions. The basic principle of moving meshes, employed in the current work, offers the attractive possibility to concentrate grid points in regions of interest and to resolve the remaining areas with a coarse but sufficient grid. By this the number of the required grid points can be reduced massively, while the quality of the results is almost not affected.

The focus of the present work is a method to redistribute a given number of grid points, a so-called r-adaptive method, and it's application for turbulent, three-dimensional flows. For the movement of grid points in space a separate equation called MMPDE (Moving Mesh Partial Differential Equation) needs to be solved additionally to the governing equations of mass, momentum and energy in each time step with adaptation. The grid is than rearranged according to a given criterion. A major concern of this work is to demonstrate the components required for the incorporation of such a moving mesh method in an existing flow solver, as so far those methods were often used only in mathematically motivated examples. The movement of cell corner coordinates is an intuitive and obvious choice for the MMPDE. However the finite volume method, employed in the flow solver in this work, offers the possibility to steer the movement of cell center points as all physical quantities are stored there. The difficulties and the enhancements to adjust the moving mesh method for cell center points are discussed in detail.

The turbulent flow over periodic hills, a three-dimensional configuration is the first test case for the adaptation according to averaged quantities. The aim is to obtain flow statistics, averaged in time and spanwise direction, of comparable quality on a coarsened mesh. Various, mostly LES-specific, criteria are investigated and judged regarding their suitability for the chosen test case. The production of turbulent kinetic energy and the gradient of the velocity in flow direction lead to results close to the reference on a grid that is coarsened by a factor of 30 compared to the reference.

The employment of the r-adaptive method in curved geometries revealed an unwanted and first unintelligible behaviour, that is visible best in case of an uniform criterion. In combination with criteria for adaptation this incorporates an undesired additional grid movement. In a first step the reason for this problem is analysed and subsequently differently motivated approaches to solve this issue are discussed.

The three-dimensional flow in a rotating, heated annulus is the second test case. The arising baroclinic wave is a big challenge for the mesh moving method. The aim of the adaptation is no longer a stationary grid but one that moves along with the wave. Criteria adjusted to this special test case are investigated. The fixed number of grid point during the adaptation and the continuous movement of the mesh uncover the limitation of the r-adaptive method for this test case.

1. Einleitung

1.1. Motivation

Numerische Simulationen turbulenter Strömungen haben in vielen Ingenieursbereichen Einzug gehalten. Dabei entstehen große Anforderungen an die verwendeten Methoden, denn die aufzulösenden Skalen erstrecken sich über mehrere Größenordnungen. Großskalige Strömungsphänomene charakterisieren die betrachtete Strömung und bestimmen deren Randbedingungen, während die kleinskaligen Strukturen von großer Wichtigkeit sind, um die turbulenten Wechselwirkungen innerhalb des Fluids korrekt zu erfassen [27]. Die drastisch gestiegene Rechnerleistung in den vergangenen Dekaden ermöglicht heute bereits vielerorts realistische, dreidimensionale Simulationen turbulenter Strömungen. Häufig ist die vorhandene Rechenleistung jedoch nicht ausreichend, um alle kleinskaligen Strömungsstrukturen ausreichend aufzulösen. Die Large Eddy Simulation (LES), auch Grobstruktursimulation, bietet hier einen geeigneten Ansatz zur Simulation ebenjener Strömungen, bei denen großräumige Strukturen simuliert werden, während kleinskalige modelliert werden. LES, in den vergangenen Jahren mit einer breiten theoretischen Basis versehen, hat inzwischen Eingang gefunden in viele industrielle und wissenschaftliche Programme [27].

Auch wenn mit der Methode der LES ein geeignetes Werkzeug bereitsteht, um nicht aufgelöste Anteile innerhalb der Strömung zu modellieren, so bleibt dennoch der Aspekt, wie die zur Verfügung stehende Anzahl an Gitterpunkten im Berechnungsgebiet effektiv verteilt wird. Die Auflösung des Berechnungsgebietes wird dabei häufig durch die zur Verfügung stehenden Rechnerressourcen limitiert. Gegenstand von Untersuchungen sind häufig Konfigurationen, die nur eine hohe Auflösung in einem räumlich stark begrenzten Gebiet benötigen. Beispiele solcher Phänomene sind Stöße, Wirbel, Phasenänderungen, Scherschichten. Uniforme Netze, besonders im Mehrdimensionalen, sind demnach sowohl unnötig als auch häufig nicht zu realisieren. Von großem Interesse sind daher adaptive Gitter. Diese verfolgen die Grundidee, den Großteil der Gitterpunkte in Gebieten von besonderem Interesse zu positionieren, während das restliche Gebiet mit entsprechend wenigen Punkten aufgelöst wird [12, 43, 44]. Damit kann gegenüber einem uniformen Netz die Anzahl der Knoten drastisch reduziert werden und häufig auch der globale Fehler [13, 45]. Jedoch muss die zu Grunde liegende numerische Methode den variablen Zellgrößen Rechnung tragen [15].

Die Realisierung der erhöhten Auflösung strömungsmechanisch relevanter Gebiete kann mit Hilfe verschiedener Ansätze erreicht werden. In Abbildung 1.1 sind die am häufigsten angewandten Adaptionsstrategien schematisch anhand eines einfachen, zweidimensionalen Beispiels dargestellt.

Das äquidistante Ausgangsgitter ist in Abb. 1.1(a) zu sehen mit dem markierten Zielgebiet für eine Verfeinerung des Gitters. Bei Anwendung der h-Adaption wird durch Hinzunahme (Wegnahme) von Zellen, anhand eines vorgegebenen Kriteriums,

a) 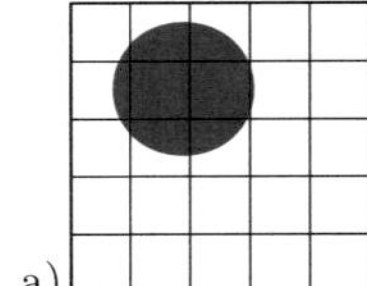

b) 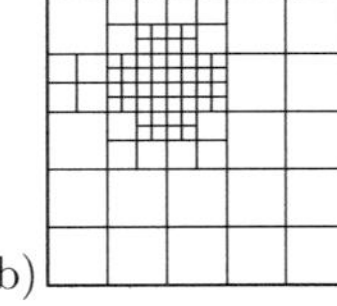

c) 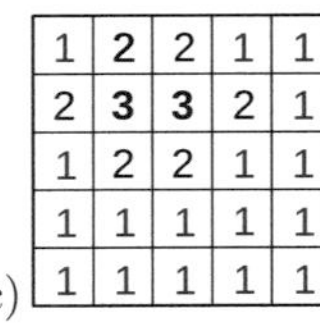

d) 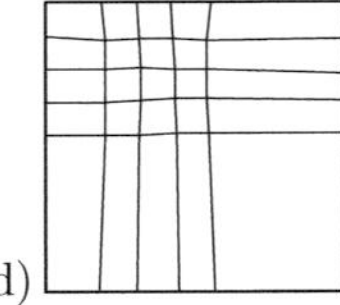

Abbildung 1.1.: Skizze des grundlegenden Prinzips verschiedener Adaptionsstrategien: (a) Uniformes Gitter ohne Adaption, (b) Hinzunahme/Wegnahme von Zellen, h-Adaption, (c) Variation des lokalen Polynomgrades, p-Adaption, (d) Umverteilung einer festen Anzahl von Gitterpunkten, r-Adaption.

die räumliche Auflösung erhöht (verringert), siehe Abb. 1.1(b). Der Vorteil einer solchen Methode ist die nicht fest vorgegebene Anzahl von Zellen, die eine Verfeinerung des Rechengebietes bis zum Erreichen einer vorgegebenen Güte der Lösung ermöglicht. Jedoch ist eine solche Methode mit enormem theoretischen und programmiertechnischen Aufwand verbunden [12, 44, 46] und nur schwer zufriedenstellend parallelisierbar, ein Aspekt, der im Rahmen moderner Höchstleistungsrechenzentren mit Tausenden von Prozessoren immer größere Bedeutung erlangt. Einen weiteren Ansatz bietet die p-Adaption, bei der lokal der Polynomgrad der Basisfunktionen variiert werden kann, siehe Abb. 1.1(c). Diese Methoden finden zumeist im Rahmen der Finite-Elemente-Methoden Anwendung. Durch Umverteilung der vorgegebenen Anzahl von Gitterpunkten im Raum kann ebenfalls eine erhöhte Auflösung relevanter Bereiche, und damit verbunden die Verringerung des Fehlers der Lösung, erfolgen. Diesen Ansatz verfolgt die r-Adaption (engl. redistribution). Dabei bleibt die Topologie des Netzes erhalten, es werden nur die Einträge der Matrizen der geometrischen und physikalischen Größen verändert [10]. Dieser Aspekt ermöglicht eine unkomplizierte und effektive Parallelisierung einer solchen Methode. Während h- und p-Verfahren nur eine Netzverfeinerung (Netzvergröberung) zu gegebenen Zeitpunkten erlauben, mit einer anschließenden Anpassung der Datenstruktur und zumeist notwendiger Interpolation der physikalischen Größen, erlauben r-adaptive Methoden eine kontinuierliche Bewegung des Gitters. Dies ermöglicht auf einfachem Wege auch eine dynamische Gitteranpassung an zeitlich veränderliche Problemstellungen, wie bspw. die Verfolgung von Wirbeln.

Die Verfahren der h- und p-Adaption haben bereits seit mehreren Dekaden Aufnahme in universitäre und industrielle Programmcodes gefunden, während die r-Adaption noch in einem recht jungen Stadium der Entwicklung ist [10, 15, 48]. Das jedoch stetig zunehmende Interesse spiegeln die in den vergangenen Jahren erschienenen Übersichtsarbeiten von Budd, Huang und Russell [10] und Baines, Hubbard und Jimack [4] wider, ebenso wie das kürzlich speziell zu dieser Thematik erschienene Buch von Huang und Russell [48].

Die Anwendung einer r-adaptiven Methode im Zusammenspiel mit laminarer und turbulenter Strömung bildet das Zentrum der vorliegenden Arbeit.

Geschuldet ihrem noch jungen Entwicklungsstadium sind in der Literatur deutlich mehr Anwendungsbeispiele für h- und p-Adaption zu finden als für die r-Adaption. Veröffentlichungen zur Umverteilung einer gegebenen Anzahl von Gitterpunkten haben häufig analytische Testfälle als Gegenstand, wie bspw. [17, 18, 53]. Erst in der vergangenen Dekade finden sich auch vermehrt Anwendungsbeispiele unter den publizierten Arbeiten. Diese zeigen eindrucksvoll das Potential dieser adaptiven Methode. Für einen Überblick verschiedener Methoden zur Netzbewegung sei neben den bereits erwähnten Arbeiten [4, 10, 48] auf Cao, Huang und Russell [15] sowie auf die älteren Arbeiten von Hawken, Gottlieb und Hansen [34], Eiseman [22], Thompson [77] sowie Thompson, Warsi und Mastin [78] verwiesen.

Mit Problemen aus dem Bereich der Strömungsmechanik befassen sich unter anderem Ceniceros und Hou [16], Budd und Williams [11], Lang et al. [57], Kirchner [53], die Arbeitsgruppe um Habashi [3, 19, 32], Guardone, Isola und Quaranta [31], Jacquotte und Coussement [50, 51] sowie van Dam [17, 18]. Beispiele für eine dreidimensionale Adaption sind dabei selten. Von den hier genannten zeigen nur [17] und [53] Ergebnisse, allerdings für analytische Beispiele.

Ein enger methodischer Bezug besteht zu den Arbeiten von Kühnlein [55] und Kühnlein, Smolarkiewicz und Dörnbrack [56], welche auf dem gleichen Adaptionskonzept fußen wie die vorliegende Arbeit, resultierend aus einer zweijährigen Kooperation. In beiden Arbeiten stehen, ähnlich der vorliegenden Arbeit, meteorologische Strömungen mit durchgeführter zweidimensionaler Adaption im Vordergrund.

Das Studium der Literatur zu r-adaptiven Methoden offenbart eine Mannigfaltigkeit der möglichen Realisierungen dieses prinzipiellen Ansatzes. Zur Charakterisierung der in der vorliegenden Arbeit eingesetzten Methode erfolgt im nächsten Abschnitt eine Zusammenstellung der verschiedenen Ansätze der r-Adaption.

1.2. Einordnung r-adaptiver Methoden

Allen r-adaptiven Methoden ist gemein, dass sie mit Hilfe der Umverteilung einer gegebenen Anzahl von Gitterpunkten N den kleinstmöglichen Fehler in der Lösung erreichen wollen. Dafür muss die Dichte der Gitterpunkte in Regionen konzentriert werden, die aus dieser Sicht relevant sind [43, 45]. Zur Erreichung dieses Zieles haben sich unterschiedliche Methoden der r-Adaption entwickelt, welche jedoch alle aus drei wesentlichen Kernpunkten bestehen [48]:

i der Strategie zur Bewegung des Gitters

ii der Diskretisierungsmethode der physikalischen Differentialgleichungen (pPDE)

iii der Realisierung der Kopplung der pPDE mit der Gitterbewegung.

Einen einführenden Überblick zu den Möglichkeiten der Umsetzung findet der interessierte Leser in Huang und Russel [48] sowie in Budd, Huang und Russell [10]. Im Folgenden werden die einzelnen Schritte kurz vorgestellt.

1.2.1. Strategie zur Netzbewegung

Das Herz einer jeden r-adaptiven Methode ist die Strategie, nach welcher die Gitterpunkte im Raum bewegt werden. Zumeist wird die Gitterbewegung über elliptische oder parabolische partielle Differentialgleichungen (PDE) beschrieben oder durch einen direkten Minimierungsprozess residualer Fehlergrößen [48], letztendlich auch resultierend in einer PDE.

Prinzipiell sind dabei zwei Ansätze zu unterscheiden: lokalisierungsbasiert und geschwindigkeitsbasiert. Für eine detaillierte Diskussion der beiden Ansätze sei auf Cao, Huang und Russell [15] verwiesen.

Geschwindigkeitsbasierte Methoden beruhen auf der direkten Kontrolle der Netzgeschwindigkeit $\boldsymbol{u}_\mathrm{g}$. Gegenstand der adaptiven Simulation ist dabei das Lösen einer Gleichung für die Netzgeschwindigkeit $\boldsymbol{u}_\mathrm{g}$ im Zusammenspiel mit der pPDE. Die Position der Netzpunkte im Zeitverlauf ergibt sich anschließend durch Integration. Der größte Nachteil dieser Methoden ist das häufig auftretende Kreuzen von Gitterlinien [10, 48]. Ein weiterer Nachteil ist die Ermittlung der Netzposition mittels Integration, da dabei stets die vorige Position Einfluss hat und sich somit Fehler aufsummieren können und möglicherweise zur Degeneration des Netzes führen. Eine ausführliche Übersicht geschwindigkeitsbasierter Methoden ist in Baines, Hubbard und Jimack [4] zu finden.

Lokalisierungsbasierte Methoden haben dagegen direkt die Position (engl. location) der Gitterpunkte als Ziel. Erreicht wird dies in Form einer Abbildung $\mathbf{x}(\boldsymbol{\xi})$ eines Referenzsystems $\boldsymbol{\xi}$ auf das physikalische Gitter $\boldsymbol{x}$ oder auf deren Inversen. Die Realisierung erfolgt häufig über die Minimierung eines Adaptionsfunktionals, das mit dem Gleichverteilungsprinzip gekoppelt ist. Ziel des Funktionals ist die Messung des Fehlers einer Zielgröße in der Lösung [10, 48]. Um dies zu erreichen gibt es unterschiedliche Motivationen zur Aufstellung dieses Funktionals. Die Pionierarbeiten von Winslow [84] und Brackbill und Saltzman [8] verwenden elliptische PDEs zur Bestimmung der Punktpositionen. Da die Wahl des zu Grunde liegenden Funktionals einen großen Einfluss auf das zu erwartende Gitter hat, ist in der Literatur eine Vielzahl verschiedener Ansätze zu finden. Für eine Übersicht hierzu sei auf van Dam [17] und Huang [46] verwiesen. Der Ansatz der moving mesh PDE (MMPDE) in den Arbeiten um Huang und Russell [13, 43, 45, 44, 47, 48] findet in dieser Arbeit Anwendung. Da die Position der Gitterpunkte direkt aus der MMPDE bestimmt wird, ist dieser Ansatz weniger anfällig für Deformationen und Entartungen des Gitters als eine geschwindigkeitsbasierte Methode. Häufig können lokalisierungsbasierte Methoden gute globale Eigenschaften des Gitters erreichen [10].

1.2.2. Diskretisierung der physikalischen PDE

Die Lösung der Erhaltungsgleichungen muss der angewandten r-adaptiven Methode und der damit verbundenen Bewegung der Gitterpunkte Rechnung tragen. Prinzipiell sind alle gängigen Verfahren zur Lösung der pPDE, d.h. Finite-Volumen-, Finite-Elemente- und Finite-Differenzen-Methoden (FDM), möglich. Zur Berücksichtigung der Bewegung des Gitters gibt es dabei zwei Ansätze: sogenannte quasi-Lagrange-Methoden und Neuvernetzungsmethoden (engl. rezoning).

Die Anwendung der Neuvernetzung des Gebietes weist im Ablauf der Lösung einen stetigen Wechsel zwischen Netzbewegung und Lösung der pPDE auf. Dabei wird in jedem Zeitschritt das Gitter zuerst bewegt (ohne zeitliche Integration) und anschließend die physikalische Lösung darauf interpoliert, dargestellt in Abbildung 1.2 (links). Danach wird die pPDE auf einem feststehenden Gitter einen Zeitschritt integriert. Diese Methode steht und fällt mit der Güte der Interpolation, wobei häufig zusätzliche Anforderungen gewährleistet werden müssen, bspw. die Divergenzfreiheit des interpolierten Geschwindigkeitsfeldes bei inkompressiblen Strömungen.

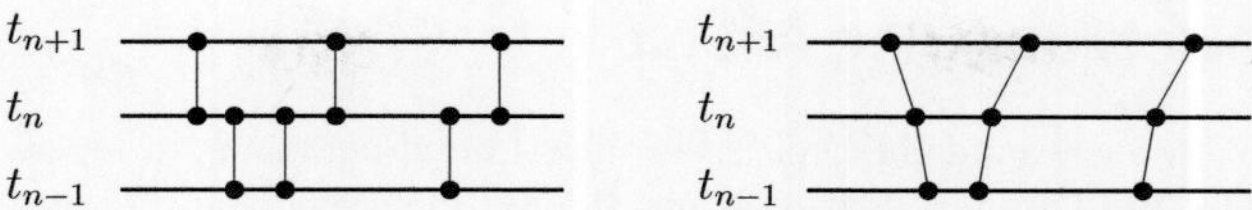

Abbildung 1.2.: Verschiedene Ansätze zur Realisierung der Gitterbewegung anhand eines eindimensionalen Beispiels: Neuvernetzung, auch rezoning-Methode (links) und quasi-Lagrange-Ansatz, auch als ALE-Methode bezeichnet (rechts). Mit t_n und $t_{n\pm1}$ werden diskrete Zeitpunkte bezeichnet.

Die Anwendung von quasi-Lagrange-Methoden, häufig auch Arbitrary-Lagrangian-Eulerian (ALE) Methode genannt, ermöglicht eine zeitlich kontinuierliche Bewegung der Netzpunkte, siehe Abb. 1.2 (rechts). Sie erfordern jedoch Modifikationen an der Zeitableitung sowie am konvektiven Term der Erhaltungsgleichungen. Die Details des hier eingesetzten ALE-Ansatzes werden in Kapitel 2 dargestellt.

1.2.3. Kopplung mit der Netzbewegung

Die diskretisierte pPDE und die Netzbewegungsgleichung (NBG) ergeben ein gekoppeltes System. Zwei Strategien zur Lösung dieses Systems sind möglich: gekoppelt und entkoppelt.

Die gekoppelte Lösung, auch simultane Lösung genannt, betrachtet die pPDE und die NBG als ein großes System von Gleichungen und löst dieses in jedem Zeitschritt gemeinsam, womit es nicht praktikabel für die Neuvernetzungsmethoden ist. Das grundlegende Prinzip ist einfach und es steht dafür eine Vielzahl gut entwickelter Löser für gewöhnliche Differentialgleichungen zur Verfügung [48]. Die Kopplung zwischen Netz und physikalischer Lösung ist hierbei sehr stark, was eine schnelle Reaktion des Gitters auf Änderungen in der pPDE ermöglicht. Jedoch ist das resultierende System hochgradig nichtlinear und zudem häufig steif [10, 34]. Das erweiterte System weist eine kompliziertere Struktur als die jeweiligen Einzelprobleme auf, wodurch die Eigenschaften der pPDE und der NBG oft verloren gehen. Somit ist dieses System schwierig und zumeist teuer zu lösen, was seinen Einsatz zumeist auf eindimensionale Problemstellungen limitiert [45, 44].

Für die mehrdimensionale Adaption wird vorrangig eine entkoppelte Prozedur angewandt [46, 47], so auch in der vorliegenden Arbeit. Die Lösung der NBG wird dabei von jener der pPDE getrennt. In einem ersten Schritt wird das Gitter zum neuen Zeitpunkt bestimmt und anschließend die physikalische Lösung. Dieses Vorgehen bietet den großen Vorteil, die beiden Bestandteile, NBG und pPDE, getrennt zu behandeln. Dabei wird die spezifische Struktur jedes Einzelsystems ausgenutzt, um die Effizienz zu steigern. Die NBG kann jetzt separat programmiert und modularisiert werden, womit sie leichter portabel ist für unterschiedliche Codes. Die Bestimmung des Gitters ist nun nicht mehr an eine PDE-Formulierung gebunden. Nur das schlussendlich resultierende Gitter ist von Interesse für den Löser der pPDE, nicht der Weg dahin. Jedoch haben geteilte Prozeduren ein erhöhtes Risiko für die Generierung von Instabilitäten und können dazu neigen, einen zeitlichen Versatz in der Gitterbewegung gegenüber der physikalischen Lösung zu zeigen [10, 48].

1.3. Zielsetzung der Arbeit

Im Zentrum der vorliegenden Arbeit steht die Anwendung einer r-adaptiven Methode für turbulente und laminare Strömungen. Bereits im Abschnitt 1.1 wurde das große Potential dieser Methoden verdeutlicht. In der Literatur finden sich nur wenige, zumeist zweidimensionale, Anwendungen, so dass die hier angestrebten dreidimensionalen adaptiven Simulationen zur Weiterentwicklung beitragen können. Zudem ist das Zusammenspiel aus Adaption und turbulenten Strömungen bisher kaum untersucht worden. Daher ist es ein wesentliches Anliegen der Arbeit, die notwendigen Schritte auf dem Weg zur funktionierenden Interaktion aus Adaption und Strömungsberechnung aufzuzeigen. Dabei ergeben sich unterschiedlich motivierte Fragen, zu deren Klärung diese Arbeit beitragen möchte:

(1) Wie kann die NBG unter Berücksichtigung der Umsetzung der pPDE realisiert werden?

(2) Welche Kriterien sind für LES turbulenter Strömungen und die Berechnung von Strömungen mit Temperatureinfluss geeignet?

(3) Gibt es einen universellen Satz von Parametern der MMPDE oder ein universelles Kriterium?

(4) Welche Verbesserung in der Simulation kann eine adaptive Methode für die gewählten Testfälle erreichen?

(5) Kann die r-adaptive Methode noch in anderer Form einen Gewinn bringen?

(6) Gibt es Limitierungen der r-adaptiven Methode, die berücksichtigt werden müssen?

Der Aufbau der Arbeit trägt diesen Fragen Rechnung. In den beiden nachfolgenden Kapiteln steht vorrangig die Methodik im Vordergrund. Kapitel 2 befasst sich mit den Erhaltungsgleichungen und deren Lösung auf bewegten Gittern sowie mit der Umsetzung im Umfeld einer FD-Methode.

Die Grundlagen der gewählten r-adaptiven Methode, entsprechend der Einordnung in Abschnitt 1.2, sind Gegenstand des Kapitels 3. Dabei stehen die Herleitung der NBG sowie deren mögliche Realisierungen und damit verbundene Schwierigkeiten und methodenspezifische Aspekte im Fokus.

Als erster Testfall dient die statistisch zweidimensionale, turbulente Strömung über periodische Hügel [28]. Im Kapitel 4 werden sowohl der Testfall selbst als auch verschiedene Kriterien eingeführt. Ergebnisse verschiedener Realisierungen der NBG und der Adaptionsprozedur werden vorgestellt.

Die im Zusammenhang mit gekrümmten Geometrien auftretende ungewollte Gitterbewegung ist Gegenstand von Kapitel 5. Dabei wird sowohl auf die Ursache als auch auf mögliche Lösungsstrategien eingegangen.

Kapitel 6 widmet sich einem zweiten Anwendungsfall. Die dreidimensionale dichteveränderliche Strömung in einem rotierenden, unterschiedlich beheizten Annulus ist eine große Herausforderung für die adaptive Methode und ermöglicht die Umsetzung der instationären Adaption.

Den Abschluss der Arbeit bildet Kapitel 7, in dem die gewonnenen Erkenntnisse zusammengefasst und in Bezug auf die Zielstellungen der Arbeit diskutiert werden.

2. Grundgleichungen und Diskretisierung

Die numerische Simulation turbulenter Strömungen bedingt die Lösung der Transportgleichungen für die Masse, den Impuls und, sofern von Relevanz, die Temperatur. Deren Formulierung und Diskretisierung in Raum und Zeit auf stationären wie bewegten Gittern sind Gegenstand dieses Kapitels.

2.1. Erhaltungsgleichungen turbulenter Strömungen

2.1.1. Zeitliche Änderung einer Transportgröße

Zur Beschreibung von Strömungen sind in der Mechanik zwei Möglichkeiten bekannt [73]:

1. *Eulersche Beschreibung:* Raumfeste Betrachtung eines ortsfesten Kontrollvolumens V_{K}.

2. *Lagrangesche Beschreibung:* Materiegebundene Betrachtung, bei der das Volumen V_{M} zu jeder Zeit die gleiche Materie enthält.

Im Bereich der Strömungsmechanik findet vorrangig die Eulersche Darstellung Anwendung, während die Lagrangesche Beschreibung in der Festkörpermechanik verbreitet ist. Zwischen beiden Beschreibungsweisen kann mittels des Reynolds-Transport-Theorems [24] ein Zusammenhang für die zeitliche Änderung einer materiebezogenen Transportgröße ϕ aufgestellt werden

$$\frac{\mathrm{d}}{\mathrm{d}t}\int_{V_{\mathrm{M}}} \rho\,\phi\,\mathrm{d}v \;=\; \frac{\mathrm{d}}{\mathrm{d}t}\int_{V_{\mathrm{K}}} \rho\,\phi\,\mathrm{d}v \;+\; \int_{S_{\mathrm{K}}} \rho\,\phi\,(\boldsymbol{u}-\boldsymbol{u}_{\mathrm{g}})\cdot\boldsymbol{n}\,\mathrm{d}s\,, \tag{2.1}$$

wobei $\boldsymbol{u}$ den Vektor der Fluidgeschwindigkeit, ρ die Dichte und S_{K} die Oberfläche des Kontrollvolumens V_{K} bezeichnet mit dem zugehörigen, auswärts gerichteten Normalenvektor $\boldsymbol{n}$. Die Geschwindigkeit der Oberfläche wird mit $\boldsymbol{u}_{\mathrm{g}}$ bezeichnet. Für eine Herleitung sei auf Ferziger und Perić [24] oder Fox [25] verwiesen.

Die in (2.1) auftretende Geschwindigkeit der Oberfläche ist beliebig. Der Spezialfall der Eulerschen Beschreibung resultiert für $\boldsymbol{u}_{\mathrm{g}} = 0$. Zu beachten ist dabei, dass in diesem Fall Integration und zeitliche Ableitung in (2.1) vertauschbar sind. Die Lagrangesche Beschreibung ergibt sich für $\boldsymbol{u}_{\mathrm{g}} = \boldsymbol{u}$. Dies entspricht einer Bewegung des Volumens mit der Geschwindigkeit des Fluids, wodurch der konvektive Term in (2.1) entfällt. Der allgemeine Fall, in dem $\boldsymbol{u}_{\mathrm{g}}$ beliebig ist, wird häufig als Arbitrary-Lagrangian-Eulerian (ALE) Formulierung bezeichnet, dem Sinn und Wortlaut entsprechend eine Mischform beider Spezialfälle. Dieser Ansatz wird gewählt zur

Umsetzung bewegter Gitter im Zusammenhang mit der in Abschnitt 1.2 vorgestellten adaptiven Methode.

Ausgangspunkt der vorliegenden Arbeit ist die Umsetzung der Erhaltungsgleichungen in Euler-Formulierung. Aus diesem Grund erfolgt die Darlegung der Grundgleichungen zuerst in dieser Darstellung mit dem anschließenden Übergang zur ALE-Beschreibung.

2.1.2. Euler-Darstellung

Die Beschreibung dreidimensionaler turbulenter Strömungen für ein unbewegtes Volumen V_K mit der Oberfläche S_K erfolgt mit Hilfe der Kontinuitätsgleichung (KGL), auch Massenerhaltung,

$$\int_{S_\mathrm{K}} (\boldsymbol{u} \cdot \boldsymbol{n}) \, \mathrm{d}s \; = \; 0 \, , \tag{2.2}$$

sowie der Navier-Stokes-Gleichung (NSG), auch Impulserhaltung,

$$\int_{V_\mathrm{K}} \frac{\partial \boldsymbol{u}}{\partial t} \, \mathrm{d}v + \int_{S_\mathrm{K}} \boldsymbol{u} \, (\boldsymbol{u} \cdot \boldsymbol{n}) \, \mathrm{d}s \; = \; - \int_{S_\mathrm{K}} p \, \boldsymbol{n} \, \mathrm{d}s + \int_{S_\mathrm{K}} [(2 \nu_\mathrm{m} \boldsymbol{S}) \cdot \boldsymbol{n}] \, \mathrm{d}s + \int_{V_\mathrm{K}} \boldsymbol{f} \, \mathrm{d}v \, . \tag{2.3}$$

Dabei wurde inkompressible Strömung vorausgesetzt. In (2.2) und (2.3) bezeichnet $\boldsymbol{u}$ die Fluidgeschwindigkeit, p den Druck (dividiert durch die konstante Dichte ρ), $\boldsymbol{S}$ den Deformationstensor und $\boldsymbol{f}$ den Volumenkraftvektor. Mit ν_m wird die molekulare, kinematische Viskosität bezeichnet. Der Deformationstensor $\boldsymbol{S}$ bestimmt sich über die Gradienten der Geschwindigkeiten mittels

$$S_{ij} \; = \; \frac{1}{2} \left(\frac{\partial u_i}{\partial x_j} + \frac{\partial u_j}{\partial x_i} \right) \, . \tag{2.4}$$

Für die Berechnung dichteveränderlicher Strömungung im Kapitel 6 muss zusätzlich die Transportgleichung der Temperatur T (TGL) in der Form [24]

$$\int_{V_\mathrm{K}} \frac{\partial T}{\partial t} \mathrm{d}v + \int_{S_\mathrm{K}} T \, (\boldsymbol{u} \cdot \boldsymbol{n}) \, \mathrm{d}s \; = \; \int_{S_\mathrm{K}} \gamma_\mathrm{m} \, \nabla T \cdot \boldsymbol{n} \, \mathrm{d}s \tag{2.5}$$

gelöst werden, wobei mit γ_m die molekulare Diffusivität bezeichnet wird. Grundvoraussetzungen für diese Form der Energiegleichung sind das Fehlen jeglicher Quellterme sowie konstante Werte der spezifischen Wärme.

2.1.3. Gefilterte Gleichungen

Turbulente Strömungen sind ein Mehrskalenphänomen, bei dem sich die räumlichen und zeitlichen Änderungen von Strömungsgrößen über mehrere Dekaden erstrecken. Die kinetische Energie der turbulenten Bewegung weist dabei ein kontinuierliches Spektrum auf, so dass für eine korrekte Beschreibung der Strömung eine räumliche Auflösung bis in die kleinsten Skalen notwendig ist. Kann diese Auflösung nicht erreicht werden, müssen die nicht aufgelösten Anteile modelliert werden. Die großen, energiereichen Skalen werden vorrangig durch die Geometrie und die Randbedingungen bestimmt und lassen sich deshalb nur schwer modellieren. Die kleinen, energiearmen Skalen besitzen einen universellen Charakter, der sie als ungeordnet, isotrop und kurzlebig kennzeichnet. Die Grundidee der LES ist nun, die großen Skalen zu berechnen und die universellen, dissipativen kleinen Skalen über ein Modell zu beschreiben. Dieser Ansatz hat den Vorteil, dass mit Hilfe des Modells vorrangig die Kopplung der Dissipation der Energie in den kleinen Skalen mit den großen Skalen wiedergegeben werden muss.

Die notwendige Aufspaltung einer Größe $\phi = \bar{\phi} + \phi'$ in ihren aufgelösten Anteil $\bar{\phi}$, auch Grobstruktur genannt, und den nicht aufgelösten Anteil ϕ', die Feinstruktur, kann mittels verschiedener Ansätze realisiert werden. Häufig wird eine räumliche Filteroperation nach Leonard [58]

$$\bar{\phi}(\mathbf{x}) \;=\; \int_{R^3} G\,(\mathbf{x},\,\mathbf{y},\,\Delta(\mathbf{x}))\;\phi(\mathbf{y})\,\mathrm{d}\mathbf{y} \tag{2.6}$$

angewandt. Hierbei wird mit G der Filterkern und mit Δ eine im Allgemeinen ortsabhängige Filterweite bezeichnet. Verkürzt lässt sich (2.6) auch als $\bar{\phi} = G * \phi$ schreiben. Für eine ausführliche Einleitung zur LES und zu den Grundlagen der Filter sei auf die einschlägige Literatur verwiesen, bspw. Sagaut [70], Fröhlich [27].

Die Anwendung der Filterung (2.6) auf die Erhaltungsgleichungen (2.2), (2.3) und (2.5) führt zu

$$\int_{S_\mathrm{K}} (\bar{\boldsymbol{u}} \cdot \boldsymbol{n})\;\mathrm{d}s = \;0\,, \tag{2.7}$$

$$\int_{V_\mathrm{K}} \frac{\partial \bar{\boldsymbol{u}}}{\partial t}\mathrm{d}v \;+\; \int_{S_\mathrm{K}} \bar{\boldsymbol{u}}\,(\bar{\boldsymbol{u}} \cdot \boldsymbol{n})\,\mathrm{d}s = \;-\int_{S_\mathrm{K}} \bar{p}\,\boldsymbol{n}\,\mathrm{d}s \;+\; \int_{S_\mathrm{K}} \left[\left(2\nu_\mathrm{m}\bar{\boldsymbol{S}}\right)\cdot \boldsymbol{n}\right]\,\mathrm{d}s \;+\; \int_{V_\mathrm{K}} \bar{\boldsymbol{f}}\,\mathrm{d}v \;+\; \int_{S_\mathrm{K}} (\boldsymbol{\tau} \cdot \boldsymbol{n})\;\mathrm{d}s\,, \tag{2.8}$$

$$\int_{V_\mathrm{K}} \frac{\partial \bar{T}}{\partial t}\mathrm{d}v \;+\; \int_{S_\mathrm{K}} \bar{T}\,(\bar{\boldsymbol{u}} \cdot \boldsymbol{n})\,\mathrm{d}s = \int_{S_\mathrm{K}} \gamma_\mathrm{m}\,\nabla\bar{T}\cdot\boldsymbol{n}\,\mathrm{d}s \;+\; \int_{S_\mathrm{K}} (\boldsymbol{\Phi} \cdot \boldsymbol{n})\;\mathrm{d}s\,. \tag{2.9}$$

Grobstrukturgrößen, gekennzeichnet durch $\bar{(\cdot)}$, werden häufig auch gefilterte Größen genannt. Da jedoch in der praktischen Anwendung die Filterweite Δ zumeist aus dem Berechnungsgitter folgt, sind Größen mit $\bar{(\cdot)}$ eher als aufgelöste Größen zu verstehen. Die Anwendung eines Filters mit nicht konstanter Schrittweite Δ hat jedoch Auswirkungen auf die Vertauschbarkeit von Filter und Ableitung, angewandt um (2.7)-(2.9) zu erhalten. Wird die Ableitung mit der Filterung vertauscht treten sogenannte Kommutatorterme in Erscheinung, die nicht geschlossen sind und modelliert werden müssen, siehe dazu [27]. In Untersuchungen zur Größe dieser Terme wurden in [27] Arbeiten zur turbulenten Kanalströmung zitiert in welchen der Fehler auf unter 5 % der Summe des Konvektions-, Reibungs- und Druckterms zusammen beziffert wird. Aus diesem Grund werden Kommutatorterme in der vorliegenden Arbeit nicht berücksichtigt.

Durch die Filterung des nichtlinearen, konvektiven Terms ergeben sich die Feinstrukturspannungen $\tau_{ij} = \overline{u_i u_j} - \bar{u}_i \bar{u}_j$ in den NSG sowie $\Phi_j = \overline{T u_j} - \bar{T}\bar{u}_j$ in der TGL. Diese stellen den Beitrag der nicht aufgelösten Anteile in den NSG und TGL dar. Die Feinstrukturspannungen (FSS) sind nicht explizit bestimmbar und erfordern eine Modellierung. Der Aspekt, dass sich durch die nur näherungsweise Bestimmung der FSS die zu lösende Erhaltungsgleichung ändert und damit die Erhaltungsgröße selber [27], wird hier vernachlässigt.

Bei der Verwendung der FSS muss folgender Zusammenhang berücksichtigt werden:

$$\tau_{ij} \;=\; \overline{u_i u_j} - \bar{u}_i \bar{u}_j \;=\; f\,(\text{Filter}) \;=\; f\,(\text{Filter (dessen Breite)})\ .$$

Dies macht deutlich, dass die Filterweite Δ als Parameter in den Erhaltungsgleichungen erscheint. Mit variierender Gitterschrittweite ändert sich damit die Lösung der Erhaltungsgleichungen. Somit ist für LES keine gitterunabhängige Lösung möglich. Hier wird die besondere Relevanz der Kombination von Adaption und LES sichtbar. Die Adaption ändert die lokale Gitterschrittweite durch Umverteilung der Punkte und damit die Filterweite Δ. Dies wirkt sich auf die Lösung der Erhaltungsgleichungen aus.

Innerhalb der vorliegenden Arbeit kommt das klassische Smagorinsky-Modell nach [72] für die Modellierung der FSS zum Einsatz. Dieses eher robuste Feinstrukturmodell (FSM) wurde bewusst gewählt, um den zumeist sehr groben Gittern Rechnung zu tragen. Die Wirkung der FSS auf die Grobstruktur wird nach [72] mittels

$$\tau_{ij} \;\approx\; \tau_{ij}^{\text{mod}} \;=\; \frac{1}{3}\,\tau_{kk}\,\delta_{ij} \;-\; 2\,\nu_{\text{t}}\,\bar{S}_{ij} \tag{2.10}$$

approximiert. Darin ist $\nu_{\text{t}} = (C_{\text{S}}\Delta)^2|\bar{\boldsymbol{S}}|$ die Wirbelviskosität, C_{S} eine modellspezifische Konstante und $|\bar{\boldsymbol{S}}| = \sqrt{2\,\bar{S}_{ij}\,\bar{S}_{ij}}$ der Betrag des Deformationsgeschwindigkeitstensors. Die Filterweite wird im vorliegenden Fall mit Hilfe des Zellvolumens V als $\Delta \;=\; \sqrt[3]{V}$ bestimmt. Die Spur der FSS wird in den Druckgradienten integriert in Form eines Pseudodrucks. Der verbleibende Anteil weist die gleiche Struktur wie der Reibungsterm in (2.8) auf. Es bietet sich daher an, beide Terme zusammenzufassen mit einer Gesamtviskosität $\nu = \nu_{\text{m}} + \nu_{\text{t}}$.

Auch für die Modellierung der FSS der Transportgleichung der Temperatur lassen sich Modelle formulieren, häufig unter erneuter Verwendung der Wirbelviskosität ν_{t} zur Bestimmung der turbulenten Diffusivität γ_{t}, so dass sich auch in der TGL eine Gesamtdiffusivität $\gamma = \gamma_{\text{m}} + \gamma_{\text{t}}$ anbietet. Für die im Rahmen dieser Arbeit durchgeführten Simulationen mit variabler Temperatur war kein FSS-Modell notwendig, da die gewählten Parameter eine laminare Strömung definieren.

2.1.4. Übergang auf bewegte Gitter

Zur Anwendung der dynamischen Gitteradaption muss das Kontrollvolumen V_{K} zeitlich veränderlich sein, um sich der Bewegung der Gitterpunkte anzupassen. Die Anwendung des Reynolds-Transport-Theorems (2.1) für ein beliebig bewegtes Volumen $V_{\text{K}}(t)$ auf die Erhaltungsgrößen liefert die ALE-Formulierung der gefilterten

Gleichungen (2.7)-(2.9)

$$\frac{\mathrm{d}}{\mathrm{d}t}\int_{V_{\mathrm{K}}(t)} \mathrm{d}v + \int_{S_{\mathrm{K}}(t)} (\bar{\boldsymbol{u}} - \boldsymbol{u}_{\mathrm{g}}) \cdot \boldsymbol{n}\, \mathrm{d}s = 0\,, \tag{2.11}$$

$$\frac{\mathrm{d}}{\mathrm{d}t}\int_{V_{\mathrm{K}}(t)} \bar{\boldsymbol{u}}\, \mathrm{d}v + \int_{S_{\mathrm{K}}(t)} \bar{\boldsymbol{u}}\, [(\bar{\boldsymbol{u}} - \boldsymbol{u}_{\mathrm{g}}) \cdot \boldsymbol{n}]\, \mathrm{d}s = -\int_{S_{\mathrm{K}}(t)} \bar{p}\, \boldsymbol{n}\, \mathrm{d}s + \int_{S_{\mathrm{K}}(t)} \left(2\nu \bar{\boldsymbol{S}}\right) \cdot \boldsymbol{n}\, \mathrm{d}s + \int_{V_{\mathrm{K}}(t)} \bar{\boldsymbol{f}}\, \mathrm{d}v\,, \tag{2.12}$$

$$\frac{\mathrm{d}}{\mathrm{d}t}\int_{V_{\mathrm{K}}(t)} \bar{T} \mathrm{d}v + \int_{S_{\mathrm{K}}(t)} \bar{T}\, [(\bar{\boldsymbol{u}} - \boldsymbol{u}_{\mathrm{g}}) \cdot \boldsymbol{n}]\, \mathrm{d}s = \int_{S_{\mathrm{K}}(t)} \gamma\, \nabla \bar{T} \cdot \boldsymbol{n} \mathrm{d}s\,, \tag{2.13}$$

in gleicher Reihenfolge. Die Gleichungen (2.11)-(2.13) werden in den folgenden Kapiteln als LES-Gleichungen bezeichnet.

2.2. Zeitliche und räumliche Diskretisierung

2.2.1. Diskretisierung in Euler-Darstellung

Obwohl die Erhaltungsgleichungen in ALE-Formulierung die Grundlage der durchgeführten Simulationen in den nachfolgenden Kapiteln sind, wird hier zuerst auf die Diskretisierung in Raum und Zeit für die bisherige Euler-Darstellung eingegangen. Anschließend werden die notwendigen Erweiterungen zur Umsetzung der ALE-Formulierung diskutiert. Diese Form der Darstellung wurde gewählt, um die Schritte zur Realisierung der dynamischen Gitteranpassung in einem bestehenden Löser aufzuzeigen.

Die Diskretisierung der Erhaltungsgleichungen (2.7)-(2.9) erfolgt im Kontext der Finite-Volumen-Methode auf zellzentrierten, blockstrukturierten Gittern, so dass alle physikalischen Größen im Zellzentrum gespeichert sind. Krummlinige Koordinaten ermöglichen die Realisierung beliebig geformter Geometrien. Zur räumlichen Diskretisierung stehen verschiedene Verfahren zur Verfügung. Zentrale Differenzen werden für die Massen- und Impulserhaltung angewandt, während für die Transportgleichung der Temperatur das HLPA-Schema [85] Anwendung findet.

Die zeitliche Integration erfolgt in Form eines mehrstufigen Verfahrens (engl. fractional step method), das aus zwei Schritten besteht: (i) Prädiktor und (ii) Korrektor. Der Prädiktor umfasst ein explizites 3-stufiges Runge-Kutta-Verfahren mit vermindertem Speicherbedarf. Zur Gewährleistung der Massenerhaltung wird im Korrektor-Schritt eine Druck-Korrektur-Gleichung in Form eines modifizierter SIMPLE-Algorithmus [24] gelöst. Das dabei resultierende algebraische Gleichungssystem wird mittels SIP (engl. strongly implicit procedure) [74] gelöst. Integriert in die räumliche Diskretisierung ist die Impulsinterpolation nach Rhie und Chow [69] zur Vermeidung der Druck-Geschwindigkeits-Entkopplung.

Der schematische Ablauf eines Zeitschrittes von t_n bis t_{n+1} ist in Abbildung 2.1 mit allen für die vorliegende Arbeit relevanten Schritten dargestellt. Die Zeitschrittweite $\Delta t = t_{n+1} - t_n$ ist hierbei variabel. Aufgrund des expliziten Integrationsverfahrens kann die Zeitschrittweite nicht beliebig groß gewählt werden. Die größte zulässige Schrittweite eines expliziten Schemas kann nach Schumann [71] abgeschätzt werden

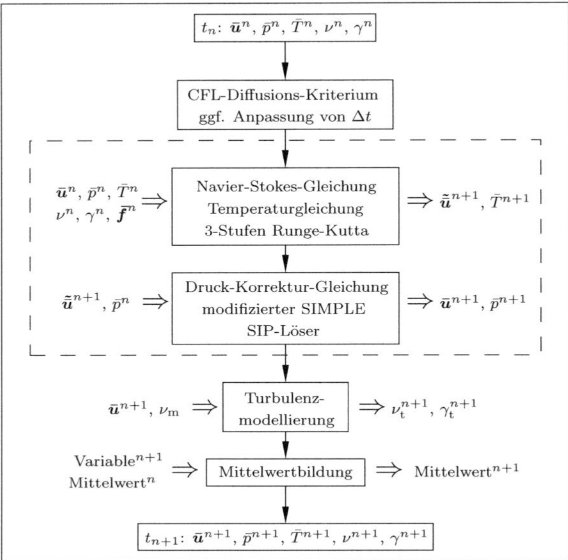

Abbildung 2.1.: Schematische Darstellung des Ablaufs eines Zeitschrittes ohne Gitterbewegung.

über

$$\Delta t_{\max} \leq \frac{f_{\text{scheme}}}{\frac{|u|}{\Delta x} + \frac{|v|}{\Delta y} + \frac{|w|}{\Delta z} + 2\nu\left(\frac{1}{\Delta x^2} + \frac{1}{\Delta y^2} + \frac{1}{\Delta z^2}\right)} \tag{2.14}$$

als Kombination aus der mehrdimensionalen Courant-Friedrich-Levy (CFL) Bedingung und dem Diffusionskriterium. Der Faktor f_{scheme} ist hierbei abhängig vom gewählten Zeitschema und beträgt für alle durchgeführten Rechnungen $f_{\text{scheme}} = 0.6$.

Die Bildung der ortsfesten, zeitlichen Mittelwerte erfolgt für alle Größen kontinuierlich während der zeitlichen Integration. Zum Zeitpunkt t_{n+1} kann der Mittelwert für eine beliebige Größe ϕ mittels [27]

$$\langle \phi^{n+1} \rangle = \chi \phi^{n+1} + (1 - \chi) \langle \phi \rangle^n , \tag{2.15}$$

bestimmt werden, wobei $\chi = \Delta t / (t_n - t_s)$ ist und t_s die Startzeit der Mittelung bezeichnet.

2.2.2. Modifikationen für die ALE-Formulierung

Die Bestimmung des neuen Gitters $\mathbf{x}^{n+1}$ ist Gegenstand von Kapitel 3. Der nun folgende Abschnitt umfasst die notwendigen Modifikationen in der Diskretisierung zur Lösung der Erhaltungsgleichungen auf bewegten Gittern. Ist dieses Gitter zu jedem Zeitpunkt bekannt, entstehen bei der Lösung der Erhaltungsgleichungen keine grundlegenden Probleme. Zur Bestimmung der konvektiven Flüsse auf den Zellflächen findet jetzt die Relativgeschwindigkeit $(\boldsymbol{u} - \boldsymbol{u}_{\mathrm{g}})$ Anwendung.

Die Diskretisierung offenbart jedoch eine Schwierigkeit. Es müssen Approximationen sowohl für die zeitliche Änderung des Zellvolumens als auch für die Gittergeschwindigkeiten an dessen Oberfläche bereitgestellt werden. In Ferziger und Perić [24] wird anhand eines einfachen Beispiels eindrucksvoll gezeigt, dass beide nicht unabhängig voneinander gewählt werden sollten. Andernfalls treten Massenquellen bzw. -senken auf, die zu unphysikalischen Resultaten führen.

Zur Vermeidung dieses Problems wird das Raumerhaltungsgesetz (SCL aus dem engl. space conservation law, häufig auch geometric conservation law) nach Thomas und Lombard [76]

$$\frac{\mathrm{d}}{\mathrm{d}t}\int_{V_{\mathrm{K}}(t)} \mathrm{d}v \;-\; \int_{S_{\mathrm{K}}(t)} (\boldsymbol{u}_{\mathrm{g}} \cdot \boldsymbol{n})\, \mathrm{d}s \;=\; 0 \tag{2.16}$$

hinzugenommen, das ebenfalls zu jedem Zeitpunkt in seiner diskretisierten Form erfüllt sein muss. Dieses kann man als Kontinuitätsgleichung eines ruhenden Fluids mit der Dichte $\rho = 1$ interpretieren. Die Gewährleistung von (2.16) kann als separat zu lösende Gleichung erfolgen oder, wie im Folgenden angewandt, integriert in die Transportgleichungen. Eine Diskretisierung des SCL (2.16) liefert

$$\frac{V^{n+1} - V^{n}}{\Delta t} \;=\; \frac{\sum_c \Delta V_c^{n+1}}{\Delta t} \;=\; \sum_c (\boldsymbol{u}_{\mathrm{g}} \cdot \boldsymbol{n})_c^n \, S_c^n \,, \tag{2.17}$$

wobei die Volumenänderung zwischen zwei Zeitpunkten interpretiert wird als die Summe der durch die Seitenflächen (Index c) zum neuen und alten Zeitpunkt aufgespannten Volumina ΔV_c^{n+1}. Dies entspricht dem Fluss des Volumens über dessen Seitenflächen, siehe rechte Seite in (2.17).

Da die in Kapitel 3 beschriebene Methode direkt die Gitterpunkte $\mathbf{x}^{n+1}$ als Ziel hat und die implementierte Volumenberechnung unverändert weiter genutzt werden soll, ist die Bestimmung der zeitlichen Änderungen der Zellvolumina über die Seitenfläche in (2.17) gegeben. Aus diesem Grund wird in (2.11)-(2.13) die Normalkomponente der Netzgeschwindigkeit $(\boldsymbol{u}_{\mathrm{g}} \cdot \boldsymbol{n})_c^n \, S_c^n$ mit Hilfe von (2.17) ersetzt.

Für die Integration der Impulsbilanz werden für alle drei Stufen des expliziten Runge-Kutta-Verfahrens die geometrischen Größen des Gitters $\mathbf{x}^n$ zum Beginn des Zeitschrittes eingesetzt. Erst im impliziten Lösungsalgorithmus der Druck-Korrektur-Gleichung werden die benötigten Geometriegrößen zur Zeit t^{n+1} verwendet.

Zur Gewährleistung der numerischen Stabilität muss die Gitterbewegung in die Bestimmung der zulässigen Zeitschrittweite integriert werden und führt auf

$$\Delta t_{\max} \;\leq\; \frac{f_{\text{scheme}}}{\frac{|u-u_{\mathrm{g}}|}{\Delta x} + \frac{|v-v_{\mathrm{g}}|}{\Delta y} + \frac{|w-w_{\mathrm{g}}|}{\Delta z} + 2\nu\left(\frac{1}{\Delta x^2} + \frac{1}{\Delta y^2} + \frac{1}{\Delta z^2}\right)}\,, \tag{2.18}$$

mit u_{g}, v_{g} und w_{g} als den einzelnen Komponenten der Geschwindigkeit des Gitters. Dabei ist zu beachten, dass die Größe des aktuellen Zeitschrittes festgelegt werden muss, bevor die Gitterbewegung stattfindet. Um einen iterativen Prozess zu vermeiden und aufgrund der Annahme einer kontinuierlichen Gitterbewegung wird zur

Bestimmung der Knotengeschwindigkeit die Bewegung im alten Zeitschritt betrachtet

$$u_{\mathrm{g}}^{n} \approx \frac{x^{n} - x^{n-1}}{t_{n} - t_{n-1}} \,. \tag{2.19}$$

Analoges wird für v_{g} und w_{g} angewandt.

Der schematische Ablauf eines Zeitschrittes mit möglicher Gitterbewegung ist in Abbildung 2.2 zu sehen.

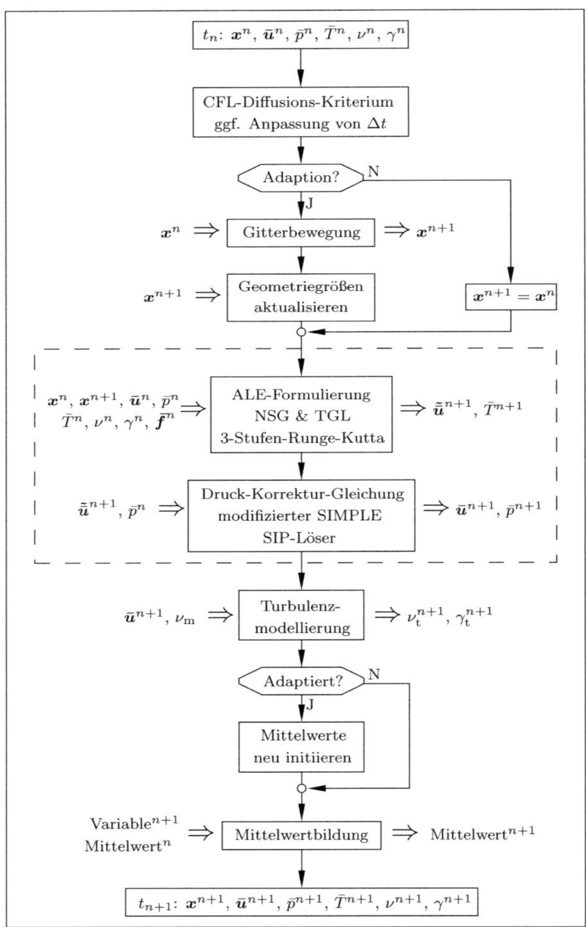

Abbildung 2.2.: Schematische Darstellung des Ablaufs eines Zeitschrittes mit Gitterbewegung.

Die beschriebenen Verfahren und Ansätze sind im Programm LESOCC2 (Large Eddy Simulation On Curvilinear Coordinates 2nd edition) implementiert [41, 42]. Zur

Parallelisierung wird MPI (Message Passing Interface) verwendet, wobei das Gitter des Rechengebietes in einzelne Blöcke unterteilt wird. Sogenannte Geisterzellen um jeden Block speichern die Daten direkt benachbarter Zellen in angrenzenden Blöcken und werden zur Bildung von diskreten Ableitungen benötigt.

3. Gitterbewegung mittels r-Adaption

Aus der Gruppe der lokalisierungsbasierten Methoden zur Beschreibung der Bewegung des Netzes wird im Folgenden der Ansatz der 'moving mesh partial differential equations' (MMPDE) näher vorgestellt. Neben der Gleichung und ihren Bestandteilen selbst werden auch wichtige Aspekte der Umsetzung diskutiert.

3.1. Herleitung der MMPDE

Die direkte Bestimmung der Position $\mathbf{x}$ der Gitterpunkte im Raum ist das Ziel von lokalisierungsbasierten Methoden, siehe Abschnitt 1.2. Die Beschreibung des adaptiv bewegten Netzes $\mathbf{x}$ im physikalischen Raum Ω_x erfolgt im Allgemeinen über die Abbildung eines Referenznetzes $\boldsymbol{\xi}$ im zugehörigen Rechenraum Ω_ξ mit Hilfe einer 1-zu-1 zeitabhängigen Koordinatentransformation $\mathbf{x} = \mathbf{x}(\boldsymbol{\xi}, t)$ oder mit deren Inversen $\boldsymbol{\xi} = \boldsymbol{\xi}(\mathbf{x}, t)$. Die Koordinatentransformation wird häufig mit Hilfe eines Adaptionsfunktionals bestimmt. Die Aufgabe dieses Funktionals ist dabei, den Fehler in der Lösung der LES-Gleichungen im Hinblick auf ein gewähltes Kriterium zu erfassen [48]. Da die Position der Punkte im Raum allein durch das Funktional bestimmt wird, beinhaltet dieses häufig auch Terme zur Wahrung gewünschter Netzeigenschaften, bspw. Isotropie und Gleichverteilung [49]. Die Ableitung der Differentialgleichung zur Bewegung der Gitterpunkte erfolgt mit dem sogenannten 'moving mesh'-Ansatz nach [46, 47]. Ausgangspunkt ist hierbei in der vorliegenden Arbeit das quadratische Netz-Adaptions-Funktional

$$\mathcal{I}(\boldsymbol{\xi}) = \frac{1}{2} \int \sum_{i=1}^{3} (\nabla \xi_i)^T \, \boldsymbol{G}^{-1} \nabla \xi_i \, \mathrm{d}\Omega_x \,, \tag{3.1}$$

mit $\mathbf{x} = (x_1, x_2, x_3)^T$ als den physikalischen Koordinaten im Gebiet Ω_x. Die Koordinaten im Rechenraum Ω_ξ werden mit $\boldsymbol{\xi} = (\xi_1, \xi_2, \xi_3)^T$ bezeichnet. Der angegebene Gradient ∇ bezieht sich auf die Koordinaten $\mathbf{x}$. Die Monitorfunktion $\boldsymbol{G}$, eine 3×3 positiv definite, symmetrische Matrix, dient der Steuerung der Netzkonzentration, hat aber auch großen Einfluss auf die Netzqualität. Sie stellt die Verbindung zwischen dem Gitter und der physikalischen Lösung her. In Abschnitt 3.2 finden sich detailliertere Ausführungen.

Die MMPDE selbst wird konstruiert als (modifizierte) Gradienten-Fluss-Gleichung des Funktionals [10, 43, 47]

$$\frac{\partial \xi_i}{\partial t} = \frac{P}{\tau} \frac{\partial \mathcal{I}}{\partial \xi_i} \,. \tag{3.2}$$

Hierin ist τ ein globaler Parameter, der die Zeitskala der Netzbewegung steuert, und P ein lokaler Faktor, um gezielt die Eigenschaften der Koeffizienten der MMPDE zu steuern. Für das gewählte Funktional (3.1) ergibt sich

$$\frac{\partial \xi_i}{\partial t} = \frac{P}{\tau} \nabla \cdot \left(\boldsymbol{G}^{-1} \nabla \xi_i \right) . \tag{3.3}$$

Der Zusammenhang $\boldsymbol{\xi} = \boldsymbol{\xi}(\mathbf{x}, t)$ bestimmt jedoch nicht explizit die Position der Punkte im physikalischen Raum, so dass häufig eine Formulierung $\mathbf{x} = \mathbf{x}(\boldsymbol{\xi}, t)$ angestrebt wird. Diese wird erreicht durch Vertauschung von abhängigen und unabhängigen Variablen in (3.3). Dies erfolgt mit Hilfe der covarianten und contravarianten Basisvektoren $\mathbf{a}_i$ und $\mathbf{a}^i$

$$\mathbf{a}_i = \frac{\partial \mathbf{x}}{\partial \xi_i}, \quad \mathbf{a}^i = \nabla \xi_i, \quad i = 1, 2, 3 . \tag{3.4}$$

Deren Zusammenhang

$$\mathbf{a}^i = \frac{1}{J} \mathbf{a}_j \times \mathbf{a}_k, \quad \mathbf{a}^i = J \, \mathbf{a}^j \times \mathbf{a}^k, \quad \mathbf{a}_i \cdot \mathbf{a}^j = \delta_{ij}, \quad (i, j, k) \, \text{zyklisch} \tag{3.5}$$

ist mit Hilfe der Jacobi-Determinanten $J = \mathbf{a}_1 \cdot (\mathbf{a}_2 \times \mathbf{a}_3)$ und der Kronecker-Delta-Funktion δ_{ij} gegeben. Die MMPDE ergibt sich damit zu

$$\tau \frac{\partial \mathbf{x}}{\partial t} = P \left[\sum_{i,j} \left(\mathbf{a}^i \cdot \boldsymbol{G}^{-1} \mathbf{a}^j \right) \frac{\partial^2 \mathbf{x}}{\partial \xi_i \partial \xi_j} - \sum_{i,j} \left(\mathbf{a}^i \cdot \frac{\partial \boldsymbol{G}^{-1}}{\partial \xi_j} \mathbf{a}^j \right) \frac{\partial \mathbf{x}}{\partial \xi_i} \right] . \tag{3.6}$$

Das zu Grunde liegende Funktional (3.1) ist sehr allgemein. Für verschiedene Sonderfälle der Monitorfunktion $\boldsymbol{G}$ lassen sich weitere, in der Literatur vorgestellte Methoden konstruieren. So liefert $\boldsymbol{G} = \mathbf{M}/\sqrt{\det(\mathbf{M})}$, mit $\mathbf{M}$ einer symmetrischen, positiv definiten Matrix, die Harmonische Abbildung nach Dvinsky [21]. Mit der Annahme isotroper Adaption in allen betrachteten Richtungen, $\boldsymbol{G} = \omega \mathbf{I}$, ergibt sich die von Winslow [84] vorgestellt Methode. Diese Pionierarbeit ist wiederum Basis für eine Vielzahl weiterer Arbeiten, wie bspw. die von Brackbill und Saltzman [8].

Auch in der vorliegenden Arbeit wird eine isotrope Adaption angestrebt. An Stelle einer Matrix $\boldsymbol{G}$ wird eine skalare Funktion ω mittels $\boldsymbol{G} = \omega \mathbf{I}$, mit $\mathbf{I}$ der Einheitsmatrix, eingesetzt. Die MMPDE (3.6) lässt sich damit umformen zu

$$\tau \frac{\partial \mathbf{x}}{\partial t} = \frac{P}{\omega^2} \sum_{i,j} \left(\mathbf{a}^i \cdot \mathbf{a}^j \right) \frac{\partial}{\partial \xi_i} \left(\omega \frac{\partial \mathbf{x}}{\partial \xi_j} \right) . \tag{3.7}$$

Diese Form bildet die Basis für alle weiteren gezeigten Ergebnisse. Im Folgenden wird für (3.7) die Bezeichnung MMPDE verwendet.

3.2. Skalare Monitorfunktion

Die geeignete Wahl der Monitorfunktion ist der Schlüssel zum Erfolg des MMPDE-Ansatzes, denn diese stellt die Verbindung her zwischen der Gitterbewegung und der Lösung der LES-Gleichungen. Weiterhin trägt sie ebenfalls erheblich zur Qualität des bewegten Gitters bei.

Wie bereits im vorigen Abschnitt eingeführt, wird im Rahmen dieser Arbeit eine skalare Funktion ω an Stelle der Matrix $\boldsymbol{G}$ eingesetzt. Dies bedeutet eine isotrope Adaption, so dass jede Koordinatenrichtung die gleiche Monitorfunktion sieht. Da im Folgenden nur noch die skalare Funktion ω an Stelle von $\boldsymbol{G}$ Verwendung findet, wird für diese ab sofort die Bezeichnung Monitorfunktion genutzt.

Die Bestimmung von ω aus einem gegebenen Kriterium (QoI, engl. Quantity of Interest) ψ kann nicht willkürlich geschehen. Verschiedene Anforderungen, resultierend aus den Eigenschaften der MMPDE, müssen erfüllt werden. So sind nur positive Werte $\omega > 0$ zulässig.

Die eingesetzte Formulierung der Monitorfunktion

$$\omega = \sqrt{1 + \alpha \left(\frac{\psi}{|\psi|_{\max}} \right)^2} \tag{3.8}$$

orientiert sich hinsichtlich ihres grundlegenden Aufbaus an Winslow [84] und erfüllt diese Forderung. Die Normierung der Zielgröße ψ mit ihrem Maximum $|\psi|_{\max}$ im gesamten Gebiet ermöglicht es, für verschiedenartige Kriterien die gleiche Größenordnung der Monitorfunktion zu gewährleisten. Der globale Parameter α findet in Huang [43] Anwendung, um eine explizite Kontrolle der Konzentration von Gitterpunkten zu ermöglichen. Ähnliche Ansätze finden sich in [5, 6].

Die gewählte Form der Monitorfunktion (3.8) ermöglicht es auf einfachem Wege, auch die Kombination von mehreren Kriterien zu realisieren. Für eine gleiche Wichtung der N_k Kriterien wird wie in Hertel et al. [37] vorgeschlagen die Erweiterung von (3.8) in der Form

$$\omega = \sqrt{1 + \frac{\alpha}{\psi_\mathrm{M}} \sum_{k=1}^{N_\mathrm{k}} \left(\frac{\psi_k}{|\psi_k|_{\max}} \right)^2} \tag{3.9}$$

eingesetzt. Der Faktor $1/\psi_\mathrm{M}$ mit $\psi_\mathrm{M} = \max_{\Omega_\xi} \left(\sum_k \left(\psi_k / |\psi_k|_{\max} \right)^2 \right)$ wurde eingeführt, um die Größe von ω unabhängig von Anzahl und Verteilung der einzelnen Größen zu definieren. Als Zahlenwert ergibt sich stets $1 \leq \psi_\mathrm{M} \leq N_\mathrm{k}$.

Beckett und Mackenzie [5] belegen in ihrer Arbeit die Relevanz einer unteren Grenze für ω, wie sie auch (3.8) aufweist. Sie führen einen Basiswert ein, der $\omega = 0$ verhindert. Ziel dessen ist die Sicherstellung einer ausreichenden Anzahl von Gitterpunkten, um eine physikalisch sinnvolle Lösung der LES-Gleichungen auch in Gebieten zu garantieren, die keine Relevanz aus Sicht des Kriteriums aufweisen.

Um eine gleichmäßige Bewegung und Verteilung der Gitterpunkte zu ermöglichen, wird eine glatte Verteilung der Monitorfunktion benötigt. Die berechnete Verteilung anhand des gegebenen Kriteriums weist diese Eigenschaft jedoch häufig nicht auf. Das Glätten der Monitorfunktion ist aus diesem Grund gängige Praxis [5, 6, 43, 53], um die numerischen Eigenschaften der MMPDE weiter zu verbessern. Besonders die

Steifheit der MMPDE bereitet Schwierigkeiten bei der Lösung und kann durch das Glätten von ω vermindert werden. Anwendung findet im Folgenden eine Methode nach [43]

$$\omega^{(0)}(\mathbf{x}_\mathrm{p}, t) = \omega(\mathbf{x}_\mathrm{p}, t)\,, \tag{3.10}$$

$$\omega^{(m+1)}(\mathbf{x}_\mathrm{p}, t) = \frac{\sum_{b=1}^{N_\mathrm{b}} \omega^{(m)}(\mathbf{x}_\mathrm{b}, t)\, V(\mathbf{x}_\mathrm{b}, t)}{\sum_{b=1}^{N_\mathrm{b}} V(\mathbf{x}_\mathrm{b}, t)} \qquad m = 0, 1, \ldots, N_\mathrm{G} - 1\,, \tag{3.11}$$

für die Glättung der Monitorfunktion an allen diskreten Punkten $\mathbf{x}_\mathrm{p}$. Dabei sind $\mathbf{x}_\mathrm{b}$ die N_b direkt benachbarten Zellen von $\mathbf{x}_\mathrm{p}$. Die Anzahl N_G der Glättungszyklen ist variabel und problemabhängig.

3.3. Praktische Aspekte

Die Gleichung, die die Position der Gitterpunkte im Raum anhand eines speziellen Kriteriums definiert, ist mit (3.7) gegeben. Im Fokus dieses Abschnittes stehen die einzelnen Bestandteile der MMPDE sowie relevante Aspekte der Anwendung.

3.3.1. Zeitskala der MMPDE

Der globale Parameter τ in (3.7) dient der Steuerung der Zeitskala der Netzbewegung. Mit dieser nutzerdefinierten Größe wird die Geschwindigkeit der Gitterpunkte innerhalb eines Zeitschrittes geregelt: eine Absenkung (Erhöhung) bewirkt dabei eine beschleunigte (verlangsamte) Gitterbewegung.

Besondere Vorsicht ist hierbei im Zusammenspiel mit der Lösung der LES-Gleichungen geboten [43]. Im Allgemeinen stimmen die Zeitschrittweiten der beiden Teilprobleme nicht überein, so dass $\Delta t_\mathrm{MMPDE} \neq \Delta t_\mathrm{LES}$ gilt. Wird τ für eine schnellere Anpassung des Gitters abgesenkt, muss häufig eine geringere Zeitschrittweite für die MMPDE gewählt werden. Ansätze zur Bestimmung von Δt_MMPDE finden sich in [43].

Verschiedene Tests ergaben stabile Simulationen mit identischen Zeitschrittweiten für die Lösung der LES-Gleichungen und der MMPDE, so dass dies auch im Folgenden angewandt wird. Die Berechnung der zulässigen Zeitschrittweite erfolgt mittels (2.18) auf Basis der physikalischen Lösung unter Einbeziehung einer möglichen Gitterbewegung.

3.3.2. Balancierung der Koeffizienten der MMPDE

Die lokale Funktion P hat als Ziel, alle Netzpunkte mit der gleichen Zeitskala zu bewegen. Von besonderem Interesse sind dabei die Terme der zweiten Ableitung in (3.6) für eine gleichmäßige Verteilung im Gebiet. Die Wahl $P = 1$, gleichbedeutend mit keiner Balancierung, ist ebenfalls möglich. Jedoch wird in Huang [43] darauf hingewiesen, dass die Ergebnisse mit Begrenzung der Koeffizienten stets besser sind als ohne.

Verschiedene Ansätze zur Wahl von P finden sich in der Literatur. Mit Hilfe der Matrix $\boldsymbol{G}$ wird in [46, 47] $P = 1/\sqrt[d]{g}$ gesetzt, wobei $g = det(\boldsymbol{G})$ ist und d die räumliche Dimension der Adaption bezeichnet.

Eine zweite Möglichkeit wird in [43] vorgestellt. Hierbei wird eine Begrenzung der Koeffizienten der MMPDE angestrebt, um eine räumlich gut balancierte Gleichung zu erhalten. Dabei wird

$$P = \frac{1}{\sqrt{a_{ii}^2 + b_i^2}} \tag{3.12}$$

gesetzt mit $a_{ij} = \mathbf{a}^i \cdot \boldsymbol{G}^{-1}\mathbf{a}^j$ und $b_i = -\mathbf{a}^i \cdot (\nabla \cdot \boldsymbol{G}^{-1})$. Dies bedeutet, dass auch räumliche Schwankungen der Monitorfunktion berücksichtigt werden.

Eingesetzt in (3.7) ergibt sich für diesen Ansatz

$$\tau \frac{\partial \mathbf{x}}{\partial t} = \frac{1}{\sqrt{a_{ii}^2 + b_i^2}} \left[\sum_{i,j} a_{ij} \frac{\partial^2 \mathbf{x}}{\partial \xi_i \partial \xi_j} - \sum_i b_i \frac{\partial \mathbf{x}}{\partial \xi_i} \right] \tag{3.13}$$

mit $i = 1, \ldots, d$ und $j = 1, \ldots, d$. Diese Form der Balancierung bewirkt eine einheitliche Größenordnung der Koeffizienten und wird im Folgenden verwendet.

3.3.3. Randbehandlung

Die Gitterpunkte auf dem Rand bedürfen einer gesonderten Betrachtung. Sie sind nicht Lösung der MMPDE (3.7) und müssen in einem separaten Schritt bestimmt werden. Mehrere Varianten für ihre Beschreibung sind möglich.

Eine Dirichlet-Bedingung, angewandt bspw. in [47], bedeutet in der Zeit unbewegliche Randpunkte, was jedoch bei großen Gitterbewegungen am Rand zu stark verzerrten Netzen führt.

Eine weitere Möglichkeit ist es, die Position der Randpunkte ebenfalls mit Hilfe einer MMPDE niedrigerer Ordnung zu bestimmen. Für eine zweidimensionale Adaption wird dann zuvor eine eindimensionale MMPDE auf dem Rand gelöst, um die Randbedingungen für das Gebietsinnere zu generieren [43, 46].

Dies würde jedoch für eine dreidimensionale Adaption bedeuten, dass für die Oberflächen des physikalischen Gebietes eine zweidimensionale MMPDE und auf den Kanten eine eindimensionale MMPDE gelöst werden muss. Da dies einen großen zusätzlichen Aufwand bedeutet, wird in dieser Arbeit ein Vorschlag aus Huang [43] verfolgt. Nachfolgend zur Bewegung der Punkte im Gebietsinneren werden die

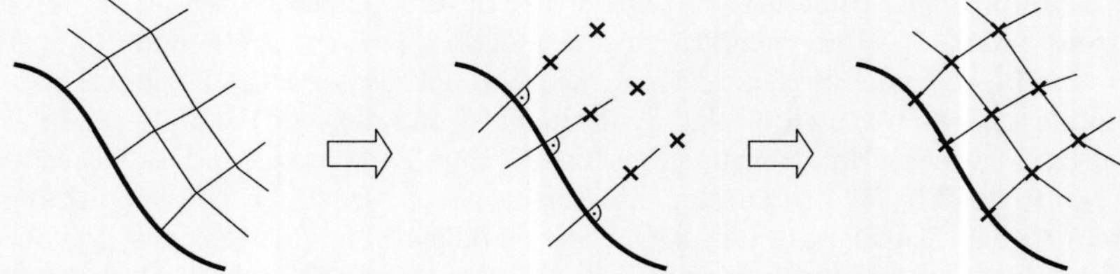

Abbildung 3.1.: Skizze der Bestimmung der Punkte auf dem Rand anhand der wandnächsten Zelleckpunkte (Kreuze), um orthogonale Zellen an der Wand zu realisieren.

Randpunkte derart bestimmt, dass sich orthogonale Gitterlinien am Rand ergeben,

siehe dazu Abbildung 3.1.

Die Bewegung der Punkte auf der Kontur benötigt die Kenntnis des räumlichen Verlaufs des Gebietsrandes. Dieser ist jedoch unter Umständen nicht bei jeder Geometrie gegeben. Anhand des gegebenen Ausgangsgitters muss dann eine Fläche mit stückweise definierten Teilflächen abgespeichert werden, die als Grundlage für die Punktbewegung dient.

3.3.4. Skalenunabhängigkeit

Die Skaleninvarianz der MMPDE bezüglich $\mathbf{x}$, $\boldsymbol{\xi}$ und $\boldsymbol{G}$ ist von besonderem Interesse. Die Transformation der Skalierung ist dabei mit $\mathbf{x} \to \lambda\mathbf{x}$, $\boldsymbol{\xi} \to \lambda\boldsymbol{\xi}$ und $\boldsymbol{G} \to \lambda\boldsymbol{G}$ für $\lambda > 0$ definiert. Diese Eigenschaften können nicht allgemein für die MMPDE (3.6) angegeben werden, da die Wahl von P hier einen maßgeblichen Einfluss hat. Nach Huang [43] ist die MMPDE (3.13) skaleninvariant gegenüber $\mathbf{x}$ und $\boldsymbol{G}$, nicht jedoch bezüglich $\boldsymbol{\xi}$. Eine veränderte Wahl der Größe des Rechenraumes hat damit Auswirkungen auf die Gitterbewegung bei sonst gleichen Parametern.

Dieser Aspekt wird im Zusammenhang mit den verschiedenen Umsetzungen der MMPDE im Kapitel 4 nochmals thematisiert.

3.4. Wahl des physikalischen Gitters

Bisher wurde mit $\mathbf{x}$ das Gitter im physikalischen Raum Ω_x bezeichnet. Im Rahmen der gewählten FVM zur Diskretisierung der LES-Gleichungen werden die entsprechenden Variablen $\boldsymbol{u}$ und p jedoch nicht an den Gitterpunkten (Zelleckpunkten) selbst, sondern im Zellzentrum bestimmt. Geometrisch bestimmen sich die Zellzentren als arithmetischer Mittelwert der umliegenden Eckpunkte.

Die direkte Bewegung der Zelleckpunkte würde die Interpolation der physikalischen Größen auf diese bedingen, um die Monitorfunktion ω berechnen zu können. Ein weiteres Problem bildet die Datenstruktur eines Lösers für Eckpunkte. Da deren Anzahl ungleich der Zentren ist, hat dies eine heterogene Datenstruktur mit unterschiedlichen Größen der einzelnen Matrizen zur Folge. Damit sind von dem bestehenden Strömungslöser kaum Routinen erbbar. Diese Neuprogrammierung ist sowohl fehleranfällig als auch schwer zu parallelisieren.

Eine Implementierung der MMPDE direkt für die Zellzentren erscheint deshalb erstrebenswert. Die Datenstrukturen sind identisch in ihrer Größe und ihrem Aufbau zum bestehenden Strömungslöser. Die Parallelisierung kann zügig mit dessen bereitstehenden Routinen erfolgen. Die Realisierung der MMPDE als Modul, zuschaltbar zum Löser der Transportgleichungen, wäre damit möglich. Die Anwendung der MMPDE (3.6) für Zellmittelpunkte, fortan mit $\mathbf{x}$ bezeichnet, ist ohne Schwierigkeiten möglich. Jedoch ist es im Allgemeinen mathematisch unmöglich, aus gegebenen Zellmittelpunkten $\mathbf{x}$ die zugehörigen Zelleckpunkte, fortan $\tilde{\mathbf{x}}$, zu bestimmen, so dass $\mathbf{x}$ das arithmetische Mittel der umliegenden Eckpunkte $\tilde{\mathbf{x}}$ ist. Eine schematische, zweidimensionale Darstellung dieser Problematik ist in Abbildung 3.2 zu sehen.

In Abb. 3.2 (mitte) ist die Bewegung der Mittelpunkte (symbolisiert durch Punkte) anhand des Kriteriums (grauer Kreis) zu erkennen. Jedoch ist in Abb. 3.2 (rechts) sehr schnell einzusehen, dass für die bestimmten Zentren kein stimmiges Eckpunktgitter

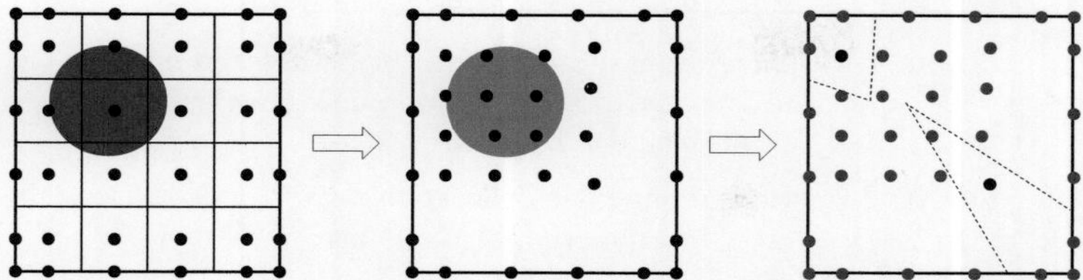

Abbildung 3.2.: Problematik der Bestimmung von Eckpunkten aus gegebenen Zellmittelpunkten: Ausgangsgitter mit Zellmittelpunkten und dem Indikator für Verfeinerung (links), entsprechend adaptierte Zellmittelpunkte als Lösung der MMPDE (mitte) und schematische Darstellung des auftretenden Problems bei der Zelleckpunktbestimmung (rechts).

ermittelt werden kann. Gestrichelt sind dabei die sich ergebenden Zellgrenzen des Mittelpunktes oben links und unten rechts innerhalb des Gebietes eingezeichnet. Die Punkte auf dem Rand sind in allen drei Teildarstellungen fix, da deren Bewegung erst nach abgeschlossener Bewegung im Inneren des Gebietes erfolgt, siehe Abschnitt 3.3.3.

Eine Bewegung der Zellmittelpunkte erscheint dadurch nicht möglich, so dass in einer ersten Realisierung die zweidimensionale MMPDE für Zelleckpunkte $\tilde{\mathbf{x}}$ in LESOCC2 implementiert wurde. Die Problematik der Datenstruktur und Parallelisierung erwies sich jedoch als sehr massiv, so dass der Ansatz der Bewegung von Mittelpunkten erneut aufgegriffen wurde. Im folgenden Abschnitt wird eine Realisierung der Mittelpunktbewegung mit den notwendigen zusätzlichen Schritten vorgestellt.

3.5. MMPDE für Zellmittelpunkte

3.5.1. Erweiterter Ablauf des Zeitschrittes

Das Ziel der Adaption ist es, ein Gitter zu generieren, bei dem eine vollständige Aufteilung des physikalischen Gebietes Ω_x und der Ränder vorliegt, inklusive der zugehörigen Zellmittelpunkte. Ein wesentlicher Aspekt dabei ist, dass die Zellen sich nicht überlappen. Ein Gitter, das diesen Anforderungen genügt, wird im Folgenden als *zulässiges Gitter* bezeichnet.

Die Lösung der MMPDE (3.6) für die Zellmittelpunkte $\mathbf{x}$ ist ohne Probleme möglich und gewünscht, jedoch treten dabei die in Abb. 3.2 dargestellten Probleme auf. Ein Algorithmus, der ein zulässiges Gitter aus Mittelpunkten bestimmt, ist Gegenstand dieses Abschnittes.

In Abbildung 3.3 ist der erweiterte Ablauf innerhalb eines Zeitschrittes der Gitterbewegung dargestellt. Es wird ein Interpolationsschritt (Schritt 2) integriert, um aus den vorläufigen, von der MMPDE bestimmten Zentren $\mathbf{x}^*$ die Eckpunkte $\tilde{\mathbf{x}}^{n+1}$ zu bestimmen. Diese bilden das zulässige Gitter, aus dem die finalen Mittelpunkte $\mathbf{x}^{n+1}$ sowie alle zugehörigen geometrischen Größen bestimmt werden. Endgültige Werte werden damit aber durch die MMPDE nicht bestimmt, sondern vorläufige, quasi die 'Wunsch-Mittelpunkte', gekennzeichnet mit (*). Diese werden durch die interpolierten Zelleckpunkte anschließend korrigiert.

SCHRITT 1	Integration der MMPDE für Zellzentren mit feststehenden Randpunkten liefert vorläufige Positionen der Zellzentren $\mathbf{x}^*$.
SCHRITT 2	Bestimmung der Zelleckpunkte $\tilde{\mathbf{x}}^{n+1}$ mit Hilfe eines Interpolationsalgorithmus.
SCHRITT 3	Bestimmung der Punkte auf dem Rand aus den finalen Zelleckpunkten.
SCHRITT 4	Neuberechnung der Zellzentren $\mathbf{x}^{n+1}$ im Gebiet und auf den Rändern zur Gewährleistung eines zulässigen Gitters.

Abbildung 3.3.: Schritte des Interpolationsalgorithmus zur Bestimmung eines zulässigen Eckpunktgitters aus den vorläufigen, von der MMPDE bestimmten Zellzentren.

Für den Interpolationsalgorithmus ergeben sich verschiedene Anforderungen:

1. Ziel ist ein zulässiges Gitter ohne Überschneidung von Gitterlinien.
2. Aus Gründen der Effizienz wird ein explizites Schema angestrebt. Die Lösung eines Gleichungssystems ist nicht erwünscht.
3. Das eingesetzte Programm verwendet Hexaeder-Gitter und weist für die Parallelisierung eine Aufteilung in einzelne Teilgebiete auf. Im Normalfall liegen an der Blockgrenze 2^d Nachbarpunkte (d ist die Dimension des Gitters) vor. Es ist jedoch möglich, bei anderen Geometrien irreguläre Blockanordnungen zu generieren (für hier gezeigte Beispiele nicht zutreffend). Die Interpolationsmethode sollte dies nach Möglichkeit berücksichtigen können.
4. Zur Bestimmung der Eckpunkte ist ein kleiner Stencil bevorzugt, um die Schwierigkeiten an den Rändern zu minimieren. Auch wirkt sich dies positiv auf die angestrebte Parallelisierung aus, da somit die Nutzung der bisherigen, für die Parallelisierung notwendigen Geisterzellen-Blöcke der Transportgleichungen möglich ist. Um dies sicherzustellen, wird daher vorgegeben, nur einen Zellnachbar in jede Richtung in die Berechnung einzubeziehen.
5. Angewendet auf die Zellmittelpunkte eines zulässigen Gitters sollte die Interpolationsmethode bestrebt sein, das Zelleckpunktgitter reproduzieren zu können oder zumindest ein geometrisch sehr nahe liegendes Gitter zu generieren.

Gerade der letzte Punkt klingt trivial, erweist sich jedoch bei einer Vielzahl von Methoden im Abschnitt 3.5.4 als Problem.

3.5.2. Räumliche und zeitliche Diskretisierung

Im Rahmen dieser Arbeit wurde die MMPDE in der Form (3.7) mit einer skalaren Monitorfunktion und der Wahl (3.12) für den lokalen Parameter P in den Code

LESOCC2 implementiert. Die Auflösung der Summation in (3.7) liefert

$$\begin{aligned}\tau \frac{\partial \mathbf{x}}{\partial t} &= P\Bigg[a_{11} \frac{\partial^2 \mathbf{x}}{\partial \xi_1 \partial \xi_1} + 2\, a_{12} \frac{\partial^2 \mathbf{x}}{\partial \xi_1 \partial \xi_2} + 2\, a_{13} \frac{\partial^2 \mathbf{x}}{\partial \xi_1 \partial \xi_3} \\ &\quad + a_{22} \frac{\partial^2 \mathbf{x}}{\partial \xi_2 \partial \xi_2} + 2\, a_{23} \frac{\partial^2 \mathbf{x}}{\partial \xi_2 \partial \xi_3} + a_{33} \frac{\partial^2 \mathbf{x}}{\partial \xi_3 \partial \xi_3} \\ &\quad + b_1 \frac{\partial \mathbf{x}}{\partial \xi_1} + b_2 \frac{\partial \mathbf{x}}{\partial \xi_2} + b_3 \frac{\partial \mathbf{x}}{\partial \xi_3} \Bigg], \end{aligned} \tag{3.14}$$

als zu diskretisierende Gleichung mit den Koeffizienten

$$a_{ij} = \frac{1}{\omega} \left(\mathbf{a}^i \cdot \mathbf{a}^j \right), \tag{3.15}$$

$$b_i = \sum_{j=1}^{3} \frac{1}{\omega^2} \left(\mathbf{a}^i \cdot \mathbf{a}^j \right) \frac{\partial \omega}{\partial \xi_i}. \tag{3.16}$$

Die gewählte entkoppelte Prozedur, siehe Abschnitt 1.2.3, erlaubt eine abweichende Diskretisierung in Raum und Zeit gegenüber den LES-Gleichungen. Die Finite-Differenzen-Methode findet hierbei Anwendung. Für die räumliche Diskretisierung wird dabei ein strukturiertes Gitter mit den Laufindizes $(i,\ j,\ k)$ für die drei Raumrichtungen zu Grunde gelegt. Diese korrespondieren mit den Koordinaten des Rechenraumes ξ_1, ξ_2 und ξ_3. Die Approximation der ersten Ableitung in den eingesetzten zentralen Differenzen ergibt

$$\left.\frac{\partial x}{\partial \xi_1}\right|_{i,j,k} \approx \frac{x_{i+1,j,k} - x_{i-1,j,k}}{2\, \Delta \xi_1}. \tag{3.17}$$

Die Darstellung erfolgt hier stellvertretend für die x-Koordinate und ist analog für die Koordinaten y und z des physikalischen Gebietes, wie auch für die Ableitungen in die Richtungen ξ_2 und ξ_3, siehe Abschnitt A.1 im Anhang. In gleicher Form findet (3.17) Anwendung für die Monitorfunktion ω zur Bildung der Koeffizienten b_i in (3.16) Für die Approximation der zweiten Ableitungen wird zwischen gemischten und zweifachen Ableitungen in die gleiche Richtung unterschieden. Es wurden die folgenden Diskretisierungen verwendet

$$\left.\frac{\partial^2 x}{\partial \xi_1^2}\right|_{i,j,k} \approx \frac{x_{i+1,j,k} - 2x_{i,j,k} + x_{i-1,j,k}}{\left(\Delta \xi_1\right)^2} \tag{3.18}$$

und

$$\left.\frac{\partial^2 x}{\partial \xi_1 \partial \xi_2}\right|_{i,j,k} \approx \frac{x_{i+1,j+1,k} - x_{i-1,j+1,k} - x_{i+1,j-1,k} + x_{i-1,j-1,k}}{4\, \Delta \xi_1 \Delta \xi_2}. \tag{3.19}$$

Zu bemerken ist hierbei, dass bei wiederholter Ableitung in die gleiche Richtung nur die direkten Nachbarpunkte einbezogen werden. Die gemischten Ableitungen nutzen ausschließlich diagonale Nachbarzellen.

Die Steifheit der MMPDE erfordert einen impliziten Löser. Vorteil hierbei ist, dass die Bewegungsgleichung der Gitterpunkte nicht mit einer übermäßig großen

Genauigkeit gelöst werden muss. Es ist vielmehr eine kontinuierliche Netzbewegung von Interesse, so dass die Lösung der MMPDE eher eine Bewegungsrichtung des Netzes bestimmt als die exakte Position der Punkte. Aus diesem Grund findet zur zeitlichen Integration das Euler-Rückwärts-Verfahren Anwendung. Dabei ergibt sich die zeitliche Integration als

$$\left.\frac{\partial x}{\partial t}\right|_{i,j,k} \approx \frac{x_{i,j,k}^{n+1} - x_{i,j,k}^{n}}{\Delta t}. \tag{3.20}$$

Zur Aufstellung des zu lösenden Gleichungssystems werden die Koeffizienten a_{ij} und b_i der MMPDE (3.7) sowie der lokale Parameter P nach (3.12) benötigt. Diese enthalten jedoch ebenfalls die Gitterpositionen. Um ein lineares Gleichungssystem zu erhalten, wird $\mathbf{x}^n$ zur Bildung dieser Größen genutzt und diese werden anschließend über den Zeitschritt eingefroren. Die Diskretisierung von (3.14) führt auf ein Gleichungssystem, das für jeden Punkt die umliegenden 18 Nachbarpunkte mit einbezieht. Der bereits vorhandene, effiziente SIP-Löser der LES-Gleichungen beruht auf einem Diskretisierungsstern, der den Punkt selbst und seine sechs direkten Nachbarpunkte beinhaltet. Aus diesem Grund werden alle Terme, die weiter entfernte Nachbarpunkte beinhalten, mit Werten des alten Zeitpunktes t_n diskretisiert und in den Rechts-Seite-Vektor integriert. Dies trifft für alle auftretenden, gemischten zweiten Ableitungen zu. Das zu lösende Gleichungssystem der Mittelpunkt-Koordinate x^* (analog für y^* und z^*) hat die Form:

$$\begin{aligned} A_B\, x^*_{i,j,k-1} + A_S\, x^*_{i,j-1,k} + A_W\, x^*_{i-1,j,k} + A_P\, x^*_{i,j,k} \\ + A_E\, x^*_{i+1,j,k} + A_N\, x^*_{i,j+1,k} + A_T\, x^*_{i,j,k+1} = Q_P\,. \end{aligned} \tag{3.21}$$

Die detaillierte Aufschlüsselung der Koeffizienten $A_{B,..,T}$ sowie des Rechte-Seite-Vektors Q_P, alle gebildet mit Größen zum Zeitpunkt t_n, findet sich im Anhang A.3. Den vorgenommenen Vereinfachungen in der Diskretisierung muss jedoch in der Anwendung Rechnung getragen werden. So bergen zu groß gewählte Zeitschrittweiten das Risiko einer Überbewegung des Netzes mit anschließender Korrektur im nächsten Zeitschritt, was zu einer oszillierenden Netzbewegung führt.

Es wird hier nochmals angemerkt, dass mit der MMPDE nur die vorläufigen Zellmittelpunkte $\mathbf{x}^*$ zur Zeit t_{n+1} bestimmt werden. Erst der Interpolationsschritt liefert die endgültigen Eckpunkte $\tilde{\mathbf{x}}^{n+1}$ und damit $\mathbf{x}^{n+1}$. Das Gleichungssystem (3.21) wird mit der modifizierten SIP nach Stone [74] gelöst.

Die gleiche Diskretisierung wurde in der ersten Umsetzung der MMPDE (3.7) für Zelleckpunkte $\tilde{\mathbf{x}}$ gewählt. Im Gegensatz zur Realisierung für die Zentren erfolgte nur die serielle Umsetzung im zweidimensionalen Fall. Dabei bezeichnen die Indizes $(i,\, j,\, k)$ Zelleckpunktpositionen. Die Monitorfunktion muss mit Werten an den Zelleckpunkten gebildet werden. Diese werden mittels Interpolation der Werte an den Zellzentren berechnet.

3.5.3. Behandlung wandnächster Zellen

Für die Diskretisierung mittels zentraler Differenzen werden auch Punkte auf dem Gebietsrand, siehe Abbildung 3.4, benötigt. Aus Sicht der Zellzentren führt dies jedoch zu dem Problem, dass der Abstand des wandnächsten Mittelpunktes zu jenem auf der Wand nur die Hälfte dessen beträgt, was zwischen den Mittelpunkten im Gebietsinneren vorliegt. In Abb. 3.4 bezeichnet Δx_i den Abstand zwischen Mittelpunkten und $\Delta\tilde{x}_i$ jenen zwischen Eckpunkten.

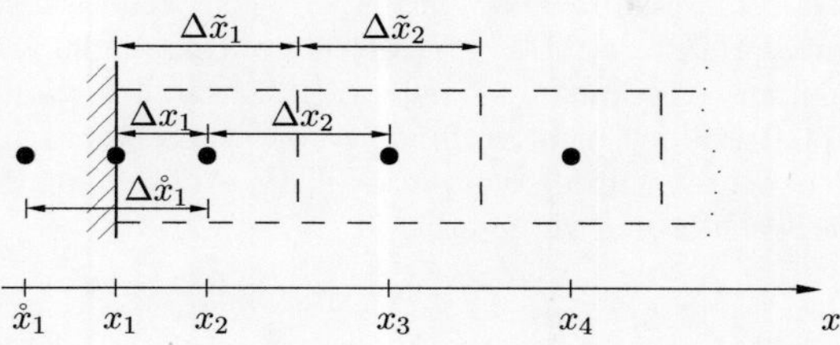

Abbildung 3.4.: Behandlung von Randpunkten im Falle der Lösung der MMPDE für Zellzentren.

Am Beispiel eines eindimensionalen äquidistanten Gitters lässt sich die Auswirkung anschaulich darstellen. Die Zellabmessungen $\Delta\tilde{x}_i$ sind konstant, während an der Wand die Verteilung der Mittelpunktabstände einen Sprung aufweist: $\Delta x_1/\Delta x_2 = 1/2$. Für die Annahme einer konstanten Zielgröße $\psi = const.$ folgt eine entsprechend konstante Schrittweite im Gitter. Die Bewegung der Mittelpunkte x wird dann jedoch gesteuert durch den Sprung an der Wand, so dass sich ein Gitter mit $\Delta x_i = const.$ einstellt. Dies hat jedoch $\Delta\tilde{x}_1 > \Delta\tilde{x}_2$ zur Folge und ist für eine konstante Zielgröße nicht gewünscht.

Die Ansätze zur Behebung dieser Problematik sind vielfältig. Beispielsweise ist die Manipulation des wandnächsten Zellzentrums in Form einer Randbedingung denkbar (x_2 in Abb. 3.4) und die MMPDE wird nur für die Punkte x_3, x_4, $\ldots$ gelöst. Dies ist jedoch nachteilig für einen möglichen Einsatz der MMPDE auf dem Rand.

In dieser Arbeit erfolgt der Übergang von einer Dirichlet-Randbedingung x_1 in Abb. 3.4 auf eine Art Symmetrie-Randbedingung, vorgestellt in Hertel et al. [36], mit $\mathring{x}_1$

$$\mathring{x}_1 = 2\,x_1 - x_2 \tag{3.22}$$

für die Lösung der MMPDE. Dies bewirkt $\Delta\mathring{x}_1 = \Delta\tilde{x}_1$, womit eine einheitliche Zellgröße für die Zellmittelpunkte im Falle eines äquidistanten Gitters vorliegt. Die MMPDE wird anschließend für die Punkte $\mathring{x}_1$, x_2, x_3, $\ldots$ gelöst. Gleichung (3.22) wird dabei in das Gleichungssystem zur Bestimmung der neuen Positionen eingeflochten. Die Erweiterung für den mehrdimensionalen Fall kann zügig erfolgen, indem $\mathring{\mathbf{x}}_1$ so bestimmt wird, dass die $\mathring{\mathbf{x}}_1$, $\mathbf{x}_1$, $\mathbf{x}_2$ entsprechenden Punkte auf einer Geraden liegen.

3.5.4. Interpolationsalgorithmen

Abbildung 3.2 zeigt die Problematik der Bestimmung von Eckpunkten aus gegebenen Mittelpunkten. Das resultierende Gleichungssystem ist im Allgemeinen überbestimmt und damit existiert nur für Sonderfälle eine Lösung. Verschiedene Ansätze zur

Interpolation von Eckpunkten aus den gegebenen Zentren sind möglich, siehe dazu auch Hertel et al. [36].

Ein naheliegender Ansatz ist der, das Zelleckpunktgitter zu finden, bei dem die resultierenden Zentren den minimalen Abstand zu den vorhandenen haben. Dies kann mit Hilfe der Fehlerquadratminimierung erfolgen. Jedoch resultiert dabei ein Gleichungssystem vom Typ der MMPDE, welches aufwändig zu lösen ist und nicht den Anforderungen aus Abschnitt 3.5.1 entspricht. Zusätzlich würde diese Methode das Kreuzen von Gitterlinien nicht verhindern, was auch bereits in eindimensionalen Versuchen beobachtet wurde. Weitere explizite Ansätze zur Bestimmung der Eckpunkte werden nachfolgend vorgestellt.

Geometrische Interpolation

Ein allgemeiner Ansatz für die Bestimmung der Zelleckpunkte $\tilde{\mathbf{x}}$ aus den umliegenden, von der MMPDE bestimmten vorläufigen Mittelpunkten $\mathbf{x}_m^*$ ist mittels

$$\tilde{\mathbf{x}}^{n+1} = \sum_{m=1}^{M} \phi_m^* \, \mathbf{x}_m^* \tag{3.23}$$

gegeben. Dabei erfolgt die Summation über $m = 1, ..., M$ umliegende Zellmittelpunkte mit den Gewichten ϕ_m^*. Im Rahmen der hier vorliegenden Hexaeder-Gitter der Dimension d ergibt sich $M = 2^d$. Der einfachste Ansatz für die Wahl der Gewichte ϕ_m^* stützt sich auf die Berechnung der Zentren aus den Knoten und kehrt diese um

$$\phi_m^* = \frac{1}{M} \,. \tag{3.24}$$

Diese Methode wird im Folgenden als *Geometrische Interpolation (GI)* bezeichnet. Ihre Anwendung führt auf die diskretisierte Form einer Diffusionsgleichung. Dies hat zur Folge, dass die Eckpunktverteilung dabei stark geglättet wird, was sich positiv auf die Gitterqualität auswirkt. Diese Glättung kann jedoch der Adaption entgegenwirken und diese sogar komplett kompensieren, wie im Abschnitt 3.5.5 gezeigt wird. Eine Behebung dieses Problems ist über die Anpassung der Parameter der MMPDE möglich. Dies ist jedoch nicht wünschenswert, da es die Anwendung der MMPDE deutlich verkompliziert. Ein weiterer Nachteil ist die Tatsache, dass diese Methode ein zulässiges Eckpunktgitter nur im Falle der Äquidistanz reproduzieren kann. Grund dafür sind die konstanten Gewichte ϕ_m^*, die einer möglichen Gitterstreckung nicht Rechnung tragen können.

Gewichtete Geometrische Interpolation

Der größte Nachteil der GI ist die starke Diffusion. Zur Reduktion dieser müssen die Gewichte ϕ_m^* der Gitterstreckung Rechnung tragen. Dazu werden die Abstände zwischen den umliegenden Mittel- zu den Eckpunkten am alten Zeitpunkt t_n zur Bildung der Gewichte ϕ_m^* genutzt, dargestellt in Abbildung 3.5.

Für die Definition der ϕ_m^* sind verschiedene Varianten möglich, siehe Hertel et al. [36]. An dieser Stelle wird nur ein Vertreter vorgestellt. Hierbei werden die

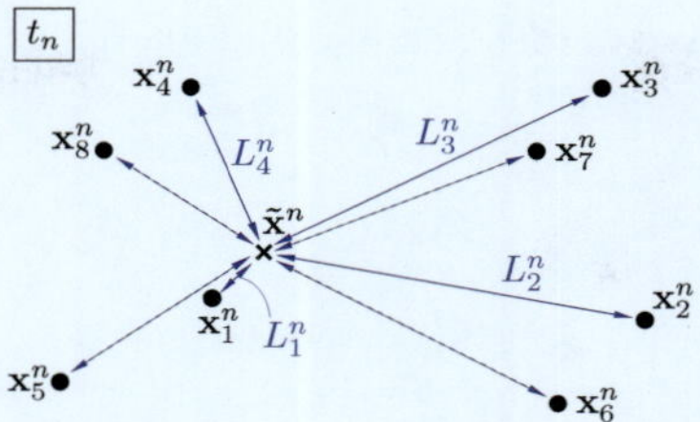

Abbildung 3.5.: Darstellung der Abstände zwischen Eck- und Mittelpunkten zur Zeit t_n als Basis der Interpolationsmethode wGI. Aus Gründen der Übersichtlichkeit wurde nur die Hälfte der Abstände bezeichnet und die Übrigen durch gestrichelte Linien dargestellt.

Gewichte über die inverse Abstandswichtung gebildet

$$\phi_m^* = \frac{(L_m^n)^{-1}}{\sum_{k=1}^{M}(L_k^n)^{-1}} \ . \tag{3.25}$$

Die daraus resultierende Interpolationsmethode wird als *gewichtete Geometrische Interpolation (wGI)* bezeichnet. Für den eindimensionalen Fall kann diese Methode die Reproduktion eines zulässigen Gitters gewähren, jedoch nicht für den mehrdimensionalen Fall. Die Nutzung der Informationen aus dem alten Zeitschritt ist hierbei von großem Vorteil, da diese es erlaubt, die Gitterstreckung mit wenigen Nachbarpunkten zu berücksichtigen. Nachteile dieser fortwährenden Verwendung von alten Punkten zeigen sich jedoch ebenfalls in der Anwendung, siehe dazu Abschnitt 3.5.5.

Interpolation des Verschiebungsfeldes

Die beiden bisher beschriebenen Methoden haben den Nachteil, dass sie ein zulässiges Gitter nicht reproduzieren können. Aus diesem Grund wird nun die Verschiebung der Zellmittelpunkte genutzt, um die Verschiebung des Eckpunktes und anschließend $\tilde{\mathbf{x}}^{n+1}$ selbst zu bestimmen. Dieser Ansatz ist in Abbildung 3.6 skizziert und wird im Weiteren als *Interpolation des Verschiebungsfeldes (IDV)* bezeichnet.

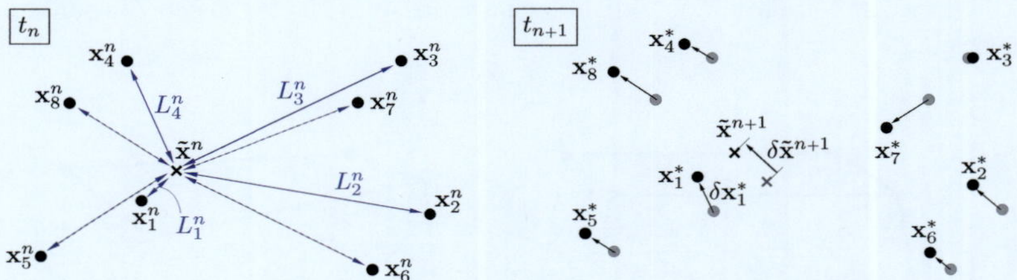

Abbildung 3.6.: Skizze der Interpolation des Verschiebungsfeldes IDV der Zellzentren zur Bestimmung der neuen Zelleckpunkte.

Die Verschiebung $\delta\mathbf{x}_i^*$ ergibt sich dabei aus den von der MMPDE bestimmten Mittelpunkten $\mathbf{x}^*$ und den Zentren zum alten Zeitpunkt $\mathbf{x}^n$. Die Verschiebungen der umliegenden Mittelpunkte werden anschließend interpoliert, um die Verschiebung des Knotens $\delta\tilde{\mathbf{x}}^{n+1}$ zu bestimmen

$$\delta\tilde{\mathbf{x}}^{n+1} = \sum_{m=1}^{M} \phi_m^* \, \delta\mathbf{x}_m^* \,. \tag{3.26}$$

Für die Wahl der Gewichte ϕ_m^* können verschiedene Ansätze Anwendung finden. Hier kommt ebenfalls die zuvor bereits eingeführte inverse Abstandswichtung zur Anwendung mit der Bestimmung von ϕ_m^* nach (3.25). Der neue Zelleckpunkt wird mittels

$$\tilde{\mathbf{x}}^{n+1} = \tilde{\mathbf{x}}^{n} + \delta\tilde{\mathbf{x}}^{n+1} \tag{3.27}$$

bestimmt. Der große Vorteil dieser Methode besteht darin, dass im Fall ohne Bewegung der Zentren die Verschiebungen $\delta\tilde{\mathbf{x}}_i^*$ null werden und damit unabhängig von der Wahl der Gewichte ϕ_m^* die Eckpunkte $\tilde{\mathbf{x}}$ ortsfest bleiben.

Die Entkopplung von Eck- und Mittelpunkten scheint hierbei auf den ersten Blick möglich. Dies wird vermieden, da nach erfolgter Bestimmung der Eckpunkte die Zentren dazu passend bestimmt werden, welche wiederum als Basis für den nächsten adaptiven Schritt dienen.

Auch diese Methode benutzt Informationen des alten Zeitschrittes und zeigt bereits in eindimensionalen Untersuchungen die Neigung zur Degeneration der Zellen, siehe dazu Abschnitt 3.5.5.

Interpolation mit Hilfe der Seitenhalbierenden

Keines der bisherigen Verfahren kann die Anforderungen aus Abschnitt 3.5.1 zufriedenstellend erfüllen. Die zusätzliche Diffusion oder die mangelnde Robustheit der Verfahren wirken sich nachteilig aus. Eine Mischung aus GI und IDV, welche nahe an einer optimalen Methode liegt, wird im Folgenden diskutiert.

Die Grundidee dieses Ansatzes geht wieder von dem zulässigen Gitter zur Zeit t_n und dem durch die Zellmittelpunkte $\mathbf{x}^n$ gezeichneten, sogenannten dualen Gitter aus. Durch den Schnittpunkt der Seitenhalbierenden lässt sich der Eckpunkt $\tilde{\mathbf{x}}^n_{\text{med}}$ definieren, siehe Abbildung 3.7. Der Versatz dieses Eckpunktes zum tatsächlichen Eckpunkt $\tilde{\mathbf{x}}^n$ im Verhältnis zur Zellabmessung wird auch für den neuen Zeitpunkt t_{n+1} angestrebt.

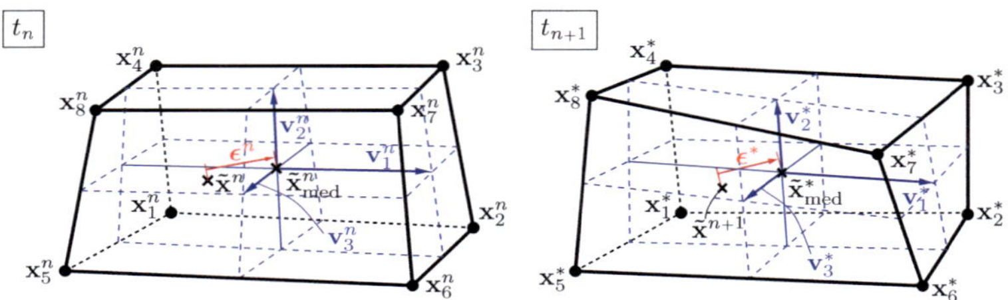

Abbildung 3.7.: Skizze der Interpolation der Zelleckpunkte mit Hilfe der Seitenhalbierenden MI des dualen Gitters.

Der Versatz $\boldsymbol{\epsilon}^n$ zur Zeit t_n wird mittels

$$\boldsymbol{\epsilon}^n = \tilde{\mathbf{x}}^n_{\text{med}} - \tilde{\mathbf{x}}^n \tag{3.28}$$

bestimmt und ist bekannt. Um diese Verschiebung in Relation zur Ausdehnung der Zelle zu setzen, wird das lokale Koordinatensystem genutzt, das durch die Seitenhalbierenden aufgespannt wird. Die Ausdehnung der Zelle in diesem System wird mittels der Vektoren $\mathbf{v}_i$ gekennzeichnet. Mit deren Hilfe kann die Verschiebung über

$$\boldsymbol{\epsilon}^n = \sum_{j=1}^{d} \beta_j^n \, \mathbf{v}_j^n \tag{3.29}$$

ausgedrückt werden, wobei d wiederum die Dimension des Gitters ist. Die Faktoren β_j werden durch das Lösen des entstehenden Gleichungssystems bestimmt und für den neuen Zeitpunkt t_{n+1} gespeichert. Die vorläufigen Mittelpunkte $\mathbf{x}^*$ bilden wiederum den Ausgangspunkt eines gleichartigen Koordinatensystems, basierend auf den Seitenhalbierenden, siehe Abb. 3.7 (rechts). Dessen Basisvektoren werden entsprechend mit $\mathbf{v}_i^*$ bezeichnet und der Eckpunkt anhand der Seitenhalbierenden mit $\tilde{\mathbf{x}}^*_{\text{med}}$. Der neue Eckpunkt ergibt sich mittels

$$\tilde{\mathbf{x}}^{n+1} = \tilde{\mathbf{x}}^*_{\text{med}} - \boldsymbol{\epsilon}^* = \tilde{\mathbf{x}}^*_{\text{med}} - \sum_{j=1}^{d} \beta_j^n \, \mathbf{v}_j^* \,. \tag{3.30}$$

Nach erfolgter Bestimmung der Eckpunkte werden entsprechend die Mittelpunkte $\mathbf{x}^{n+1}$ und die zugehörigen geometrischen Größen bestimmt. Da diese Interpolationsmethode maßgeblich auf den Seitenhalbierenden beruht, wird sie im Folgenden mit *MI* (engl. median based interpolation) abgekürzt.

Eine genauere Betrachtung des Eckpunktes $\tilde{\mathbf{x}}_{\text{med}}$ zeigt, dass dieser identisch ist mit der GI. Man kann diese Methode daher interpretieren als Korrektur der diffusionsbedingten Verschiebung des Eckpunktes der GI gegenüber dem tatsächlichen Eckpunkt. Die Methode der MI vermag es, auch bei unveränderten Mittelpunkten die Eckpunkte korrekt zu reproduzieren.

Jedoch zeigte sich auch bei dieser Methode in praktischen Tests, dass Gitterdegenerationen auftreten können, wie beispielsweise eine schachbrettartige Verteilung der Zellgrößen oder Zick-Zack-Linien im Gitter, siehe dazu die Abschnitte 3.5.5 und 4.4. Diese Methode hat jedoch den großen Vorteil, dass sie modifiziert werden kann, um diese Probleme zu beheben. Dazu wird ein kleiner Anteil der korrigierten Diffusion wieder eingebracht, um das Gitter zu glätten. Realisiert wird dies durch den Faktor λ

$$\tilde{\mathbf{x}}^{n+1} = \tilde{\mathbf{x}}^*_{\text{med}} - \lambda \boldsymbol{\epsilon}^* \,. \tag{3.31}$$

Die Wahl des Faktors ist vom Anwendungsfall abhängig und wird im Zusammenhang mit den Testfällen diskutiert.

3.5.5. Eindimensionaler Vergleich der Interpolationsalgorithmen

Verschieden motivierte Ansätze zur Interpolation der Zelleckpunkte aus den vorläufigen Mittelpunkten wurden im vorigen Abschnitt vorgestellt. Eine Vielzahl von Methoden ist jedoch nicht gewünscht, da bereits mehrere Parameter für die MMPDE gewählt werden müssen. Ziel der eindimensionalen Untersuchungen ist es, die geeignetste Methode für die weitere Anwendung herauszukristallisieren.

Das prinzipielle Verhalten der einzelnen Interpolationsalgorithmen wird anhand eines einfachen Testfalls gezeigt. Dabei wird das Kriterium im Gebiet $[0;\, L_\mathrm{x}]$ vorgegeben

$$\psi(x) \;=\; \frac{1}{2}\left[\cos\left(\frac{2\,\pi}{L_\mathrm{x}}\,x\right)+1\right] \tag{3.32}$$

mit $L_\mathrm{x} = 1$. Bei diesem Testfall werden keine Transportgleichungen der physikalischen Größen gelöst, sondern nur die MMPDE in jedem Zeitschritt für ein stets vorgegebenes ω, bestimmt mit ψ ohne Glätten. Die Anzahl der Adaptionen wurde auf $N_\mathrm{A} = 5000$ gesetzt, um ein stationäres Gitter zu erhalten. In x-Richtung sind 50 Zellen angeordnet, die zu Beginn eine äquidistante Schrittweite aufweisen.

Für die verschiedenen Interpolationsalgorithmen wurde nun der Einfluss des Parameters τ auf die erzielten Ergebnisse untersucht. Da τ die Zeitskala der MMPDE steuert, hat er Einfluss auf die Geschwindigkeit der Anpassung des Gitters, nicht jedoch auf das final erreichte Gitter. In Abbildung 3.8 sind die finalen Eckpunkte aufgetragen über der Rechenkoordinate ξ der Punkte. Es ist nur die Hälfte der Rechenkoordinaten dargestellt, da sich durch die Wahl von ψ ein symmetrisches Profil einstellt.

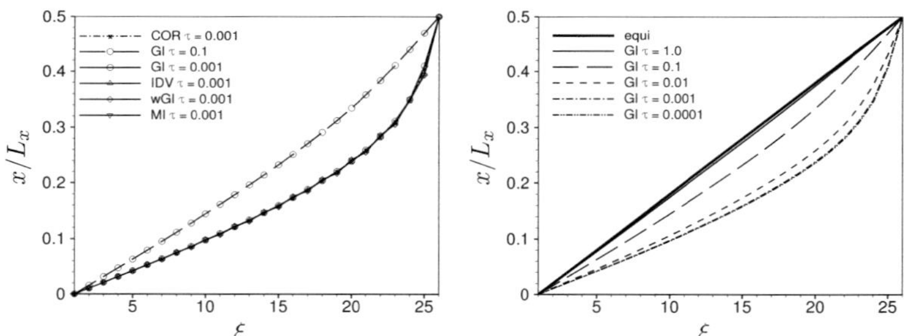

Abbildung 3.8.: Vergleich ermittelter Zelleckpunktgitter nach 5000 Adaptionen für verschiedene Interpolationsmethoden: Ergebnis der Bewegung von Eckpunkten für $\tau = 0.001$ (links) und Variation von τ für Interpolation mittels GI (rechts).

Für den hier gezeigten Wert von $\tau = 0.001$ ergeben sich für alle Methoden nahezu gleiche Gitter, in guter Übereinstimmung zur Lösung für die Bewegung der Zelleckpunkte (COR). Jedoch zeigte sich für die GI, dass bei größeren Werten eine deutlich geringere Adaption stattfindet, im Gegensatz zu den übrigen Interpolationsmethoden. Die verschiedenen finalen Gitter mittels GI und variablem τ sind im rechten Diagramm von Abb. 3.8 dargestellt. Die Lösung ist deutlich abhängig von der Wahl von τ. Ein gleichbleibendes Gitter stellt sich ab einem Schwellwert, hier $\tau \leq 0.001$, ein. Die Wahl von τ hat in der MMPDE (3.7) Einfluss auf deren Zeitskala. Dies entspricht der Geschwindigkeit mit der sich die Gitterpunkte bewegen, sollte aber keinen Einfluss auf das finale Gitter haben. Grund der τ-abhängigen Gitter ist die diffusive Natur der GI. Dies wird mit Abbildung 3.9 verdeutlicht. Es ist die Bewegung des Mittelpunktes $\xi = 24$ nahe der Mitte des Simulationsgebietes dargestellt. Neben dem finalen Mittelpunkt x^{n+1} ist auch der vorläufige, von der MMPDE bestimmte Mittelpunkt x^* eingetragen.

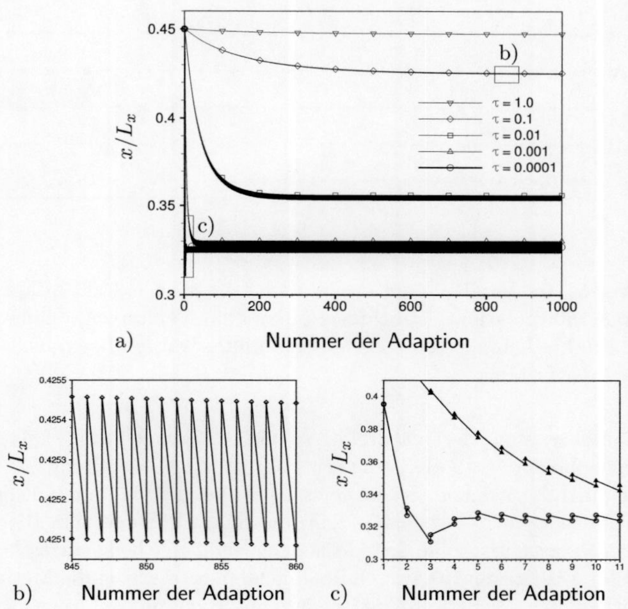

Abbildung 3.9.: Bewegung des Zellmittelpunktes $x(\xi = 24)$ durch die MMPDE und korrigiert durch die GI (3.24): (a) Variation von τ, (b, c) Vergrößerung relevanter Bereiche.

Es wird eine diffusionsinduzierte Bewegung entgegen der gewünschten, durch die MMPDE vorgegebenen Bewegung beobachtet. Die Punkte orientieren sich entsprechend dem Kriterium zum Rand, während die GI diese wieder weiter ins Gebietsinnere verschiebt, um eine Gleichverteilung anzustreben. Ist die Bewegung durch die MMPDE größer als die Korrektur der GI, Abb. 3.9(c), erfolgt eine abgeschwächte Gitterbewegung. Das finale Gitter ist erreicht, wenn beide Anteile gleich groß sind, siehe Abb. 3.9(b). Dementsprechend ist das erzielte Ergebnis von τ abhängig. Da die Diffusion der GI nahezu unabhängig von τ ist, hängt die Stärke der bleibenden Gitterbewegung von der Größe der Adaption in einem Zeitschritt ab, was direkt gekoppelt ist an die Wahl von τ.

Ein solcher Schwellwert ist ungünstig für eine allgemeine Anwendung, da dieser möglicherweise problemabhängig ist oder von der Anzahl der Gitterpunkte abhängt.

Zusätzlich erhöht die starke Absenkung von τ deutlich das Risiko für Oszillationen im Gitter, was bereits in Abb. 3.9(c) zu sehen ist. Die Interpolationsmethode der GI ist daher nicht geeignet und findet im Folgenden keine Anwendung.

Die übrigen Methoden zeigen bei sehr genauem Betrachten von Abb. 3.8 (links) ein Zick-zack in den Verläufen der Zelleckpunkte. Eine andere Darstellung der finalen Gitter ist in Abbildung 3.10 zu sehen. Aufgetragen ist wieder die Hälfte der symmetrischen Verteilung.

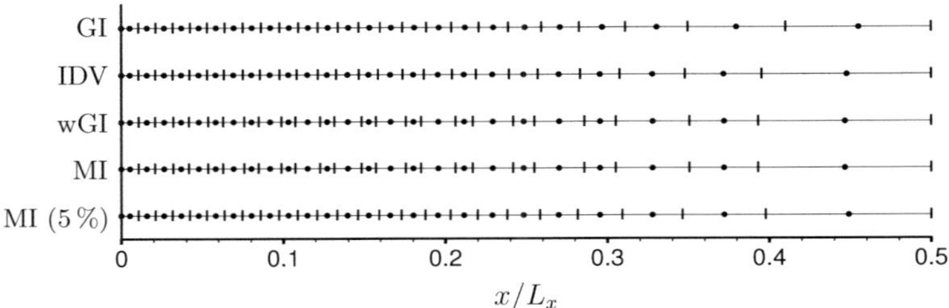

Abbildung 3.10.: Vergleich der ermittelten Gitter nach 5000 Adaptionen für verschiedene Interpolationsalgorithmen anhand eines eindimensionalen Testfalls. Schwarze Punkte kennzeichnen Zellmittelpunkte, während senkrechte Striche Zellgrenzen markieren.

Während die Verteilung der finalen Mittelpunkte (schwarze Punkte) glatt ist, zeigen alle drei verbliebenen Methoden eine schachbrettartige Verteilung der Zellgrößen (Zellgrenzen mittels Strichen gekennzeichnet). Dieser Umstand wurde auch bei ersten mehrdimensionalen Tests festgestellt und führte teilweise zum Divergieren der Simulationen. Daher müssen alle drei Methoden als unzureichend eingeschätzt werden, weil sie sich für eine allgemeine Anwendung nicht eignen. Einzig die Methode der MI bietet die Möglichkeit der Modifikation, indem ein definierter Anteil an Diffusion wieder eingebracht wird ($\lambda < 1$). Testrechnungen des vorliegenden Falles ergaben einen überraschend geringen Anteil der notwendigen Diffusion. Bereits $\lambda = 0.95$, gleichbedeutend mit 5 % Diffusion, ist ausreichend, um die Gitterdegeneration zu vermeiden, siehe dazu die unterste Verteilung in Abb. 3.10.

Mit der Option zusätzlicher Diffusion können die auftretenden Gitterdegenerationen behoben werden. Es bleibt jedoch die Frage, ob diese Entartungen aus einer fehlerhaften Methode resultieren oder ob sie ein begründbares Ergebnis dieser sind. Da die MI im Folgenden für die angestrebten Strömungssimulationen Anwendung findet, wird dieser Frage im nächsten Abschnitt nachgegangen.

3.5.6. Numerische Untersuchung der Methode MI

Bereits bei der eindimensionalen Untersuchung offenbarte sich ein unerwartetes Verhalten vieler Interpolationsmethoden. Als einziges Verfahren kann die MI mit der Modifikation $\lambda < 1$ einen zufriedenstellenden Algorithmus liefern. Ein genaueres Verständnis der Wirkungsweise dieser Methode erscheint im Hinblick auf die Bewertung der erzielten Gitter adaptiver Simulationen wünschenswert. Auch die Auswirkung von λ ist von Interesse. Außerdem stellt sich die Frage der Ursache der ungewollten Groß-Klein-Verteilung der Zellgrößen.

Anhand eines Minimalbeispiels wird die MI genauer untersucht. Dabei wird ein eindimensionales Gebiet, bestehend aus drei Zellen, vorgegeben. Zur Klärung der einzelnen Bezeichnungen der Eck- und Mittelpunkte sei auf Abbildung 3.11 verwiesen.

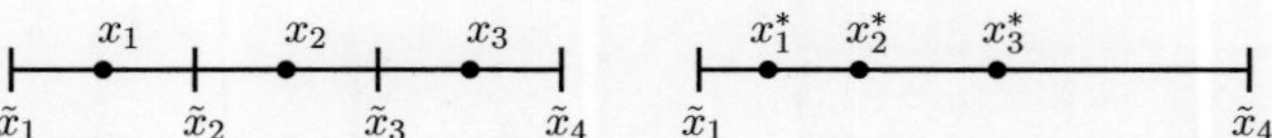

Abbildung 3.11.: Skizze des eindimensionalen Minimalbeispiels zur Untersuchung der MI: Zulässiges Gitter (links) und vorgegebene Mittelpunkte (rechts). Striche stellen Zellgrenzen dar, während Punkte Zellmittelpunkte markieren.

Die Lösung der MMPDE und die Monitorfunktion selbst sind hierbei ohne Bedeutung, lediglich die MI ist von Interesse. Daher erfolgt die direkte Vorgabe der Zellmittelpunkte x_i^* mit $i \in [1;3]$. Diese werden in jedem Zeitschritt gleich vorgegeben und stehen für ein stationär angestrebtes Gitter durch die MMPDE. Von Interesse sind nun die rekonstruierten Zelleckpunktverteilungen nach einer gegebenen Anzahl von Zeitschritten.

Bei der Vorgabe der Mittelpunkte sind dabei zwei Varianten zu unterscheiden. Im ersten Fall wird ein zulässiges Mittelpunktgitter vorgegeben, was einem Satz von x_i^*-Werten entspricht, die der Gleichung

$$2\,x_1^* \;-\; 2\,x_2^* \;+\; 2\,x_3^* \;=\; \tilde{x}_4 \;+\; \tilde{x}_1 \tag{3.33}$$

genügen und damit die Berechnung korrespondierender Eckpunkte erlauben. Als zweite Variante werden unzulässige, Gleichung (3.33) verletzende Mittelpunkte vorgegeben. Als Maß, wie gut die finalen Mittelpunkte x_i an den vorgegebenen x_i^* liegen, wird der summierte quadratische Abstand

$$\delta_x \;=\; \sqrt{\sum_{i=1}^{3} \left(x_i - x_i^*\right)^2} \tag{3.34}$$

definiert und während der Iterationen bestimmt.

Als Erstes werden zulässige Mittelpunkte für die Originalmethode der MI ($\lambda = 1.0$) vorgegeben. Von Interesse sind die erzielten Gitter für verschiedene Startgitter, siehe Abbildung 3.12(a, b). Obwohl die Methode die Verhältnisse der Zellgrößen in die Berechnung des neuen Eckpunktes einbezieht, erreichen die drei unterschiedlichen Startgitter das gleiche finale Gitter, Abb. 3.12(b). Die MI schafft es in allen drei Fällen, das gewünschte Eckpunktgitter (ZG) zu realisieren. Bereits nach wenigen Iterationsschritten wird ein zufriedenstellendes Gitter erreicht. Dies wurde auch in weiteren Tests für verschiedene zulässige Zielgitter stets festgestellt.

In einem zweiten Schritt wurde nun eine unzulässige Kombination von Mittelpunkten (UG) vorgegeben, gleichbedeutend mit Nichterfüllung von (3.33). Es kommen die gleichen drei Startgitter g1, g2 und g3 zum Einsatz. Die resultierenden Gitter sind in Abbildung 3.13(b) zusammen mit der Zielverteilung der Mittelpunkte (UG) zu sehen.

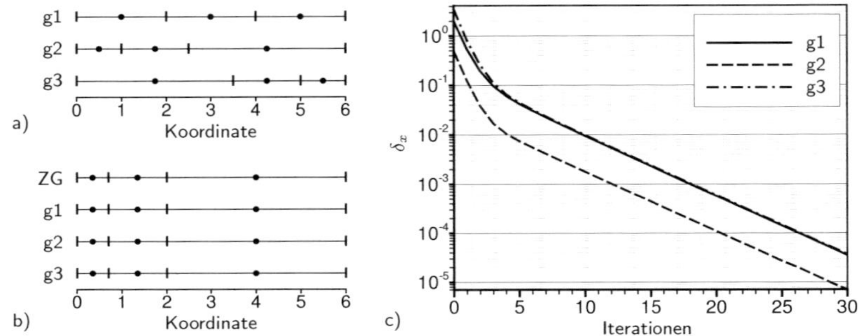

Abbildung 3.12.: Vergleich der interpolierten Gitter mittels MI ($\lambda = 1.0$) unter Vorgabe eines zulässigen Gitters (ZG): (a) Startgitter: äquidistant (g1), jeweils entgegengesetzt gestreckte Gitter (g2 und g3), (b) resultierende Gitter nach 30 Iterationen, (c) zugehörige Abweichung δ_x nach (3.34).

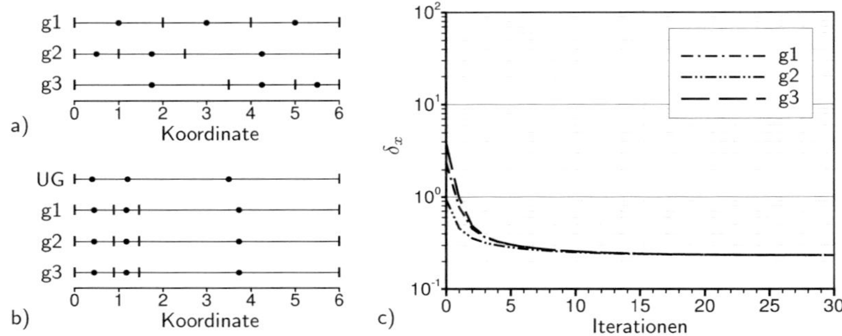

Abbildung 3.13.: Vergleich der interpolierten Gitter mittels MI ($\lambda = 1.0$) unter Vorgabe eines unzulässigen Gitters (UG): (a) Startgitter: äquidistant (g1), jeweils entgegengesetzt gestreckte Gitter (g2 und g3), (b) resultierende Gitter nach 30 Iterationen, (c) zugehörige Abweichungen δ_x nach (3.34).

Dazu ist auf der rechten Seite der Verlauf von δ_x aufgetragen. Überraschend streben alle Ausgangsgitter die gleiche Verteilung von Eckpunkten an. In jeder Verteilung zeigt sich die ungünstige Zellgrößenverteilung, siehe Abb. 3.13(b), mit einer kleinen mittleren Zelle. Dies belegt, dass es sich nicht um einen willkürlich auftretenden Fehler der Methode handelt, sondern um ein systematisches Ergebnis. Die Methode strebt jenes zulässige Gitter an, das den kleinsten Abstand zu den vorgegebenen Zentren aufweist, sichtbar im stetig kleiner werdenden Abstand δ_x in Abb. 3.13(c). Die unerwünschte Groß-Klein-Verteilung der Zellgrößen resultiert damit aus dem vorgegebenen Mittelpunktgitter und ist kein Fehler in der Methode der MI.

Nun wird der Einfluss des Faktors λ untersucht. Dazu wurde das äquidistante Anfangsgitter g1 mit variabler Vorgabe von $\lambda \in [0; 1]$ genutzt. Die Ergebnisse sind in Abbildung 3.14 sowohl für das zulässige ZG wie auch das unzulässige Zielgitter UG dargestellt, zusammen mit dem erreichten Abstand δ_x. Dabei wird wieder zwischen einer zulässigen (links) bzw. unzulässigen Verteilung (rechts) der vorgegebenen Mittelpunkte x_i^* unterschieden.

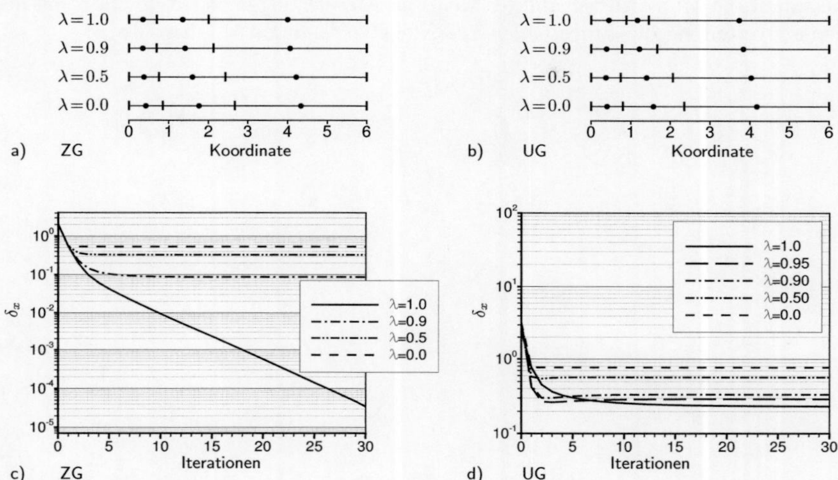

Abbildung 3.14.: Vergleich der interpolierten Gitter mittels MI mit variablem Faktor λ unter Vorgabe eines zulässigen (a, c) und eines unzulässigen (b, d) Zielgitters: (a, b) resultierende Gitter nach 30 Iterationen, (c, d) zugehörige Abweichungen δ_x nach (3.34).

Die erreichten Gitter in Abb. 3.14(a, b) zeigen die Wirkungsweise des Faktors λ sehr deutlich. Er überblendet zwei Gitter zu vorgegebenem Anteil. Das resultierende Gitter versucht die MI zu erreichen. Das eigentlich gewünschte Gitter wird von der Methode nicht mehr anvisiert, sondern eine Mischform mit dem der GI. Dieses Gitter ist durch die Diffusivität dieser Methode deutlich geglättet. Bei $\lambda = 0$ wird entsprechend das Gitter der GI (3.24) erreicht. Die Abweichung zur Wunschverteilung der Mittelpunkte steigt, je kleiner λ wird, wie Abb. 3.14(c, d) für beide Arten der Mittelpunktvorgabe zeigt. Damit wird auch im Fall zulässiger Mittelpunktvorgaben für $\lambda < 1$ das zugehörige Eckpunktgitter nicht erreicht. Dies muss bei der Handhabung der Methode berücksichtigt werden und bestärkt noch einmal das Bestreben, den Faktor λ so nah wie möglich an eins zu belassen.

Mit den dargestellten Zusammenhängen lassen sich auch die im vorigen Abschnitt festgestellten Gitter der eindimensionalen Untersuchungen der Interpolationsmethoden, siehe Abb. 3.10, erklären. Aufgrund der Verteilung der Monitorfunktion entsteht eine große Konzentration der Gitterpunkte nahe dem Rand mit entsprechend wenig Punkten in der Mitte des Gebietes. Da die MI das Gitter anstrebt, das dieser Wunschverteilung am nächsten kommt entstehen in der Mitte des Gebietes sehr große Zellen. Grund dafür ist, dass die MI nicht auf eine relative Abweichung, im Verhältnis zur aktuellen Zellgröße, schaut, sondern auf die absolute Abweichung zu den anvisierten Mittelpunkten. Die große Zelle ist durch die Mitte des Gebietes (aus Symmetriegründen) und den weit davon entfernten Mittelpunkt definiert, wodurch die daraus resultierende zweite Zellgrenze sehr nah am nächsten Mittelpunkt liegt. Um diesen einzuhalten muss nun eine sehr kleine Zelle entstehen und schlussendlich bestimmt die MI als Gitter mit der kleinsten Abweichung der Mittelpunkte von der Wunschverteilung die auftretende Groß-Klein-Verteilung der Zellgrößen.

4. Adaption anhand statistischer Größen

Die erste Anwendung der Adaption erfolgt für die turbulente Strömung über periodische Hügel. Dabei stehen die Wahl der LES-spezifischen Kriterien und die Realisierung der Bewegung für Eck- und Mittelpunkte der Zellen im Fokus. Anschließend werden Modifikationen zur Reduktion der benötigten CPU-Zeit vorgestellt. Die Ergebnisse dieses Kapitels wurden in ähnlicher Form zu großen Teilen in [36, 37, 59] veröffentlicht.

4.1. Turbulente Strömung über periodische Hügel

4.1.1. Konfiguration

Der erste Testfall zur Erprobung der MMPDE im Zusammenspiel mit turbulenten Strömungen ist ein Kanal mit periodisch angeordneten, hügelartigen Verengungen. Dieser wurde in Mellen et al. [60] als geeigneter Testfall für die Strömungsablösung von gekrümmten Oberflächen vorgestellt. Eine detaillierte Analyse der auftretenden physikalischen Effekte ist in Fröhlich et al. [28] zu finden. Die gewählte Strömung wird dominiert von einer freien Scherschicht über dem Rezirkulationsgebiet stromab des Hügels. Nach etwa der Hälfte des Abstandes zwischen den einzelnen Hügeln legt die Strömung wieder an, um an der Windseite der nächsten Erhebung wieder stark zu beschleunigen. Die Charakteristiken der Scherschicht und des Wiederanlegeprozesses hängen hier stark von der Auflösung der Strömung nahe dem Ablösepunkt ab.

Die Strömung kann als statistisch homogen in Spannweitenrichtung angesehen werden, so dass die Mittelwerte eine zweidimensionale Verteilung aufweisen.

Die Ausdehnung des Simulationsgebietes beträgt: $L_\mathrm{x} = 9h$, $L_\mathrm{y} = 3.035h$ und $L_\mathrm{z} = 4.5h$, wobei x, y, z die Koordinaten der Hauptströmungsrichtung, Normalenrichtung und Spannweitenrichtung in gleicher Reihenfolge sind. Die Höhe des Hügels wird mit h bezeichnet. Eine Darstellung der Konfiguration ist in Abbildung 4.1 zu sehen.

Das Simulationsgebiet beinhaltet hierbei genau einen Hügel von einem Hügelkamm zum darauf folgenden Hügelkamm. Als Randbedingung der Simulation wird Periodizität in x- und z-Richtung gesetzt. Für die vertikale Richtung wird die Haftbedingung verwendet und, aufgrund des groben Gitters, das Wandmodell nach Werner und Wengle [83], ergänzt um die van-Driest-Dämpfung. Die Reynolds-Zahl dieser turbulenten Strömung beträgt $\mathrm{Re_h} = 10595$, gebildet mit der Hügelhöhe h und der mittleren Strömungsgeschwindigkeit u_b über dem Hügelkamm.

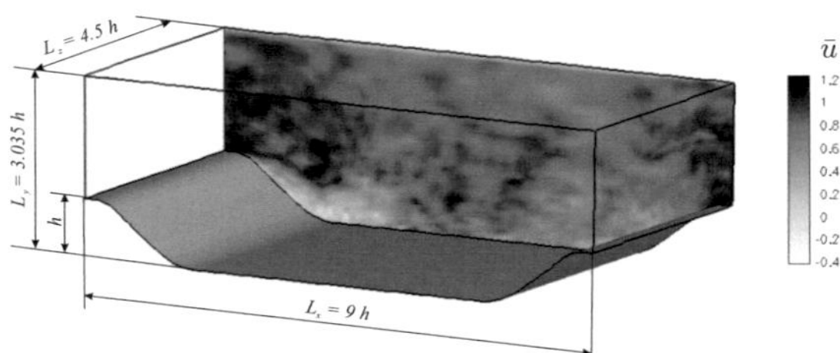

Abbildung 4.1.: Geometrie und Abmessungen des Simulationsgebietes der turbulenten Strömung über periodische Hügel. Die Kontur auf der Rückseite zeigt eine Momentanverteilung der Geschwindigkeit in Hauptströmungsrichtung.

4.1.2. Bisherige Arbeiten

Die vorgestellte Konfiguration war Gegenstand einer Vielzahl von Veröffentlichungen. So wurden in Fröhlich et al. [28] Ergebnisse zweier hochauflösender LES vorgestellt. Dabei wurde ein wandauflösendes, orthogonales Gitter mit ca. 4.7 Mio Zellen verwendet, generiert mit Hilfe eines elliptischen Gittergenerators. Es erfolgt eine detaillierte Diskussion der physikalischen Eigenschaften der Strömung.

Ein Gitter desselben Typs, jedoch deutlich vergröbert, benutzen Temmerman et al. [75] in ihrer Arbeit, um den Einfluss verschiedener Wandmodellierungen und Feinstrukturmodelle auf die Güte der LES zu untersuchen.

Sowohl numerisch als auch experimentell gewonnene Ergebnisse werden in Breuer et al. [9] und Rapp und Manhart [65] vorgestellt. Diese umfassen einen großen Bereich an Reynolds-Zahlen von $\mathrm{Re_h} = 700$ bis $\mathrm{Re_h} = 10595$. Für mehrere Reynolds-Zahlen, deutlich unterhalb der in dieser Arbeit verwandten, werden Ergebnisse einer Direkten Numerischen Simulation (DNS) gezeigt, während für höhere Reynolds-Zahlen ebenfalls LES zum Einsatz kommt.

Die Immersed-Boundary-Methode findet Anwendung in Hickel et al. [38]. Gitter unterschiedlicher Güte kommen zum Einsatz für die hier angestrebte Reynolds-Zahl sowie $\mathrm{Re_h} = 2808$.

Einen Vergleich mehrerer Codes mit verschiedenartigen Ansätzen liefern Šarić et al. [82], wobei vorrangig DES (Detached Eddy Simulation) und Hybride LES/RANS (Reynolds averaged Navier Stokes, dt. Reynolds-gemittelte Navier-Stokes) Methoden im Vordergrund stehen.

Ein Vergleich der erzielten Ergebnisse für die Werte der mittleren Ablöse- und Wiederanlegepunkte x_s/h und x_r/h der Strömung sowie der dafür eingesetzten Gitter und Ansätze für Turbulenz- und Wandmodell ist in Tabelle 4.1 zu sehen.

Die Relevanz eines gut aufgelösten Ablösepunktes auf die Bestimmung des Wiederanlegepunktes ist für die in Tabelle 4.1 gezeigten Ergebnisse auf groben Gittern deutlich sichtbar. Die nachfolgend dargelegten Ergebnisse adaptiver Simulationen werden mit den Ergebnissen von Fröhlich et al. [28], RUN 1, verglichen. Grund dafür ist zum einen die gleiche numerische Methode. Zum anderen wird für die Mehrheit der Simulationen ein Gitter eingesetzt, das durch Vergröberung aus [28] resultiert.

Fall	Ref.	Gitter	FSM	Wand	x_s/h	x_r/h
RUN 1	[28]	$196 \times 128 \times 186$	DSM	NS	0.20	4.56
RUN 2	[28]	$196 \times 128 \times 186$	WALE	NS	0.22	4.72
21	[75]	$176 \times 64 \times 92$	WALE	NS	0.38	3.45
11	[75]	$122 \times 64 \times 94$	SM+VD	WW	0.45	3.60
9	[9]	$13.1 \cdot 10^6$	DSM	NS	0.19	4.69
ALDM	[38]	$190 \times 140 \times 170$	ALDM	NS	0.34	4.30
DSM	[38]	$190 \times 140 \times 170$	DSM	NS	0.42	4.10
LES-SJ	[82]	$160 \times 100 \times 60$	SM+VD	NS	0.182	4.90
LES1-BJ	[82]	$160 \times 100 \times 60$	SM+VD	NS	0.214	4.576
LES-IB-PM	[82]	$221 \times 173 \times 106$	DSM	NS	0.27	4.27

Tabelle 4.1.: Ablöse- und Wiederanlegepunkte aus der Literatur für die Strömung über periodische Hügel bei $\mathrm{Re_h} = 10595$. DSM = Dynamisches Smagorinsky-Modell [29], WALE = Wall-Adapting Local Eddy-viscosity Modell [20], SM+VD = Smagorinsky-Modell mit van-Driest-Dämpfung, ALDM = Adaptive Local Deconvolution Methode [38], NS = Haftbedingung, WW = Werner-und-Wengle-Wandfunktion [83].

4.1.3. Ausgangsgitter

Ziel der Umverteilung der Gitterpunkte ist die Reduzierung des globalen Fehlers der LES. Dabei wird ganz bewusst ein grobes Gitter eingesetzt. Dieses ermöglicht Simulationen mit Auflösungen, die zum einen typisch sind im Ingenieursbereich und zum anderen eine hohe Aktivität des Feinstrukturmodells versprechen. Kriterien mit Bezug zur LES werden daher angestrebt. Die mit der geringen Anzahl von Gitterpunkten einhergehende Verminderung der Rechenzeit ist dabei ein angenehmer Nebeneffekt.

Das Ausgangsgitter der adaptiven Rechnungen ist in Abbildung 4.2 zu sehen. Es wurde durch Auslassen von Zellen aus dem wandauflösenden Gitter von Fröhlich et al. [28] (4.7 Millionen Zellen) generiert und besitzt $N_x \times N_y \times N_z = 89 \times 33 \times 49$ Punkte, was ca. 135,000 Zellen entspricht. Die Anpassung des Gitters an die erwartete Strömung ist deutlich zu erkennen.

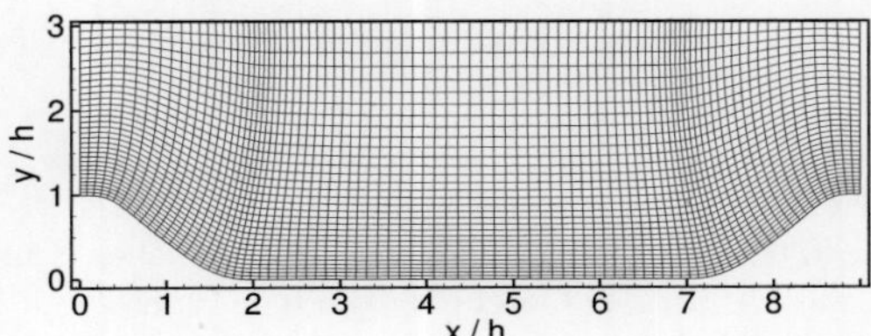

Abbildung 4.2.: Zweidimensionale Ansicht des verwendeten Ausgangsgitters für die adaptiven Simulationen, entstanden durch Vergröberung von [28].

Ergebnisse auf einem zweiten Ausgangsgitter wurden in Hertel et al. [37] vorgestellt und zeigen nahezu identische Ergebnisse der Adaption. Für dieses Gitter mit der gleichen Anzahl von Zellen in allen Richtungen, jedoch einer äqudidistanten Anfangsverteilung in jeder Richtung unter Berücksichtigung der Geometrie, ist kein Know-how zur Erstellung notwendig. Die untergeordnete Rolle der Güte des Anfangsgitters zeigt einen weiteren Vorteil der r-adaptiven Methode.

4.2. Adaptive Prozedur

Alle adaptiven Simulationen der Hügelströmung erfolgen nach dem gleichen, dreigeteilten Schema, siehe dazu Abbildung 4.3.

Ausgangspunkt der Adaption ist eine konvergierte Lösung auf dem Anfangsgitter. Das Ziel der Adaption liegt im Rahmen dieses Testfalles auf der Verbesserung der Statistiken der Strömung, also Größen mit zeitlicher Mittelung. Für die Kriterien werden aus diesem Grund zeitlich und in Spannweitenrichtung gemittelte Größen eingesetzt, welche in N_{V} Zeitschritten ohne Adaption gewonnen werden. Anschließend erfolgt ein Zeitschritt mit Bewegung der Punkte. Die Bewegung des Gitters bringt jedoch Fehler in die ortsfest bestimmten zeitlichen Mittelwerte. Des Weiteren hängt, wie in Abschnitt 2.1.3 diskutiert, die Lösung der LES-Gleichungen von der Gitterschrittweite ab. Mit Änderung dieser durch die Adaption wird also auch die Lösung der Erhaltungsgleichungen geändert. Aus diesem Grund werden die Mittelwerte nach erfolgter Adaption gelöscht und in N_{V} Zeitschritten neu bestimmt. Dieser Zyklus wiederholt sich N_{A} Mal mit entsprechend N_{A} Adaptionen, bis nahezu ein stationäres Gitter erreicht wird.

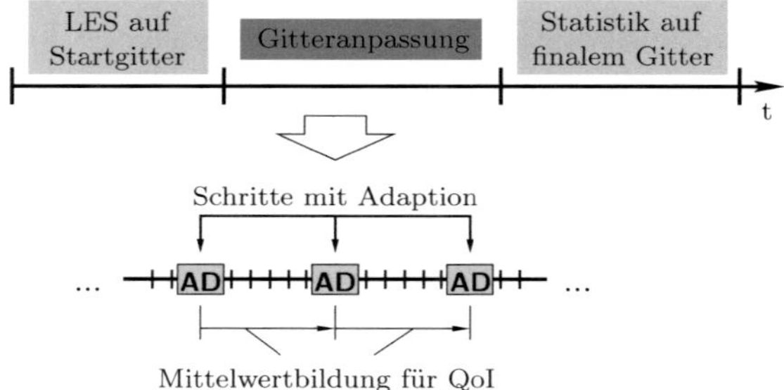

Abbildung 4.3.: Schematischer Ablauf adaptiver Simulationen anhand statistischer Größen.

Abschließend werden auf den finalen Gittern die Statistiken der Strömungsgrößen in 50 Durchflusszeiten (DFZ) bestimmt und mit [28] verglichen. Eine DFZ bezeichnet die Zeit, die ein Teilchen mit der Geschwindigkeit u_{b} von einem Hügelkamm zum nächsten benötigt. Die Wahl der Parameter N_{V} und N_{A} wird im Abschnitt 4.4 zusammen mit jenen der MMPDE diskutiert.

4.3. Physikalisch motivierte Kriterien

Die Verteilung der Monitorfunktion, gebildet aus dem gewählten Kriterium, dient als Indikator für eine hohe oder niedrige Konzentration der Gitterpunkte. Dem in Abschnitt 2.1.3 diskutierten Zusammenhang der Lösung der LES-Gleichungen (2.11)-(2.13) mit der Filterweite Δ muss mit entsprechenden LES-spezifischen Kriterien Rechnung getragen werden.

Im Mittelpunkt der vorliegenden Arbeit stehen physikalisch motivierte Kriterien zur Gitteranpassung. Dabei sind sowohl einzelne Kriterien als auch deren Kombination möglich. An dieser Stelle werden zunächst Einzelkriterien vorgestellt, während die Kombination anhand der erzielten Ergebnisse der Einzelgrößen in Abschnitt 4.6 erfolgt.

Die Bezeichnung $\langle \ldots \rangle$ steht hier für eine Mittelung in der Spannweitenrichtung und in der Zeit.

Gradient der Geschwindigkeit in Hauptströmungsrichtung. Dieses Kriterium ist weniger LES-spezifisch als vielmehr durch die mittlere Hauptströmung motiviert. Es wird

$$\psi_{\mathrm{gu}} = |\nabla \langle \bar{u} \rangle| \tag{4.1}$$

gesetzt. Der Gradient ist besonders hoch entlang der gekrümmten Hügelkontur und verspricht deshalb eine gute Auflösung des wandnahen Bereiches und der Strömungsablösung. Es werden alle Regionen der Strömung für die Gitterverfeinerung berücksichtigt, in denen zumindest eine der Ableitungen einen hohen Wert annimmt. Die Anwendung des Betrages ist notwendig, um eine skalare Größe für die Monitorfunktion (3.8) bereitzustellen.

Turbulente Viskosität. Das Verhältnis der turbulenten Viskosität ν_{t} zur Gesamtviskosität, bestehend aus der molekularen Viskosität ν_{m} und der Wirbelviskosität ν_{t}, ergibt sich zu

$$\psi_{\nu} = \frac{\langle \nu_{\mathrm{t}} \rangle}{\langle \nu_{\mathrm{t}} \rangle + \nu_{\mathrm{m}}}. \tag{4.2}$$

Die turbulente Viskosität ν_{t} wird dabei über das Smagorinsky-Modell [72] bestimmt. Dieses Kriterium versucht, Regionen zu vermeiden, in denen ein großer Anteil des Spektrums modelliert werden muss. Es ist sehr ähnlich dem Verhältnis aus modellierter Dissipation zur Gesamtdissipation, genannt Feinstruktur-Aktivitäts-Parameter in [30] (subgrid-activity parameter).

Turbulente Kinetische Energie (TKE). Basierend auf der Grundidee der LES wird angestrebt, das Verhältnis aus modellierter TKE der Feinstruktur k_{sgs} und der gesamten TKE über das Berechnungsgebiet gleichzuverteilen. Dieses Verhältnis

$$\psi_{\mathrm{tke}} = \frac{\langle k_{\mathrm{sgs}} \rangle}{\langle k_{\mathrm{res}} \rangle + \langle k_{\mathrm{sgs}} \rangle} \tag{4.3}$$

ist ein vielversprechendes Kriterium für die Adaption im Rahmen der LES. Der aufgelöste Anteil der TKE wird mittels $k_{\mathrm{res}} = (\langle \bar{u}''\bar{u}''\rangle + \langle \bar{v}''\bar{v}''\rangle + \langle \bar{w}''\bar{w}''\rangle)/2$ aus den aufgelösten Fluktuationen bestimmt. Hierbei wird die Reynolds-Aufteilung $\bar{\boldsymbol{u}} = \langle \bar{\boldsymbol{u}} \rangle + \bar{\boldsymbol{u}}''$ genutzt mit dem zeitlichen Mittelwert und den Fluktuationen mit Bezug auf diesen Mittelwert. Der Ansatz

$$k_{\mathrm{sgs}} \approx \left(2^{1/3} - 1\right) 0.5 \left|\bar{\boldsymbol{u}} - \bar{\bar{\boldsymbol{u}}}\right|^2 \tag{4.4}$$

von Berselli et al. [7] kommt zum Einsatz, um die nicht aufgelöste TKE abzuschätzen. Während $\bar{\boldsymbol{u}}$ der aufgelöste Geschwindigkeitsvektor ist, wird $\bar{\bar{\boldsymbol{u}}}$ mittels expliziter Filterung von $\bar{\boldsymbol{u}}$ ermittelt. Dazu wird das Gewicht 1/8 für den Punkt selbst und 1/16, 1/32 und 1/64 für die benachbarten Punkte im Dreidimensionalen eingesetzt. Erste Versuche mit (4.3) unter Verwendung von (4.4) zeigten jedoch unphysikalisch hohe Werte $\psi_{\mathrm{tke}} \approx 1$ in Gebieten, die aus dynamischer Sicht keine Relevanz aufweisen. Das Kriterium (4.3) ist gut geeignet im Rahmen der DNS, wenn $|\bar{\boldsymbol{u}} - \bar{\bar{\boldsymbol{u}}}| \to 0$ gilt. Im laminaren Fall geht die aufgelöste TKE gegen null, während der modellierte Anteil dies ebenfalls gewährleisten sollte. Gleichung (4.4) misst jedoch höhere Ableitungen von $\bar{\boldsymbol{u}}$ im Raum und kann daher auf groben Gittern im laminaren Fall $\langle k_{\mathrm{sgs}} \rangle > 0$ bewirken, wodurch $\psi_{\mathrm{tke}} \approx 1$ möglich wird. Ähnliches kann in turbulenten Strömungen mit Wandfunktion auftreten, in denen k_{sgs} sehr groß werden kann, aber eine Verfeinerung nicht angestrebt ist, da eine Wandfunktion nur im Falle großer wandnächster Zellen zum Einsatz kommt.

Zwei Modifikationen von (4.3) finden hier Anwendung, um diese Einschränkung zu umgehen. Die Erste sieht die Verwendung der im Simulationsgebiet maximal auftretenden gesamten TKE an Stelle der örtlichen vor, wodurch

$$\psi_{\mathrm{tke,t}} = \frac{\langle k_{\mathrm{sgs}} \rangle}{k_{\mathrm{tot,max}}} \quad \text{mit} \quad k_{\mathrm{tot,max}} = \max_{\Omega_x} \left(\langle k_{\mathrm{sgs}} \rangle + \langle k_{\mathrm{res}} \rangle\right) \tag{4.5}$$

entsteht.

Eine zweite Möglichkeit ist die Addition einer Konstanten im Nenner

$$\psi_{\mathrm{tke,c}} = \frac{\langle k_{\mathrm{sgs}} \rangle}{\langle k_{\mathrm{tot}} \rangle + C\, k_{\mathrm{tot,max}}} . \tag{4.6}$$

Die Konstante wird mit $C = 0.1$ für alle nachfolgenden Simulationen belegt.

Schubspannung. Durch Nutzung des Smagorinsky-Modells (2.10) kann der modellierte Anteil der Schubspannung direkt abgeschätzt werden. Das Verhältnis aus modellierter Schubspannung τ_{12}^{mod} zur gesamten ist ähnlich LES-spezifisch motiviert wie ψ_{tke} mit

$$\psi_{\tau} = \frac{\langle \tau_{12}^{\mathrm{mod}} \rangle}{|\langle \tau_{12}^{\mathrm{mod}} \rangle| + |\langle \bar{u}''\bar{v}'' \rangle|} \quad \text{und} \quad \tau_{12}^{\mathrm{mod}} = -\nu_{\mathrm{t}} \left(\frac{\partial \bar{u}}{\partial y} + \frac{\partial \bar{v}}{\partial x} \right) . \tag{4.7}$$

Gebiete, in denen ein großer Anteil der Schubspannung modelliert werden muss, sind demnach durch einen hohen Wert ψ_{τ} gekennzeichnet und bedürfen einer Verfeinerung des Gitters. Die Absolutwerte für $\langle \tau_{12}^{\mathrm{mod}} \rangle$ und $\langle \bar{u}''\bar{v}'' \rangle$ im Nenner von (4.7) dienen der

Vermeidung unphysikalisch hoher Werte von ψ_τ in Gebieten, wo diese beiden Größen unterschiedliche Vorzeichen aufweisen. Das Problem, welches im Zusammenhang mit (4.3) diskutiert wurde, trat hier nicht auf.

Produktion der Turbulenten Kinetischen Energie. Die Grundidee der LES kann in verschiedenen Varianten formuliert werden. Eine davon ist, dass LES die Produktion der TKE auflöst, während die Dissipation modelliert wird [63]. Daher wird die Produktion der Turbulenten Kinetischen Energie als geeignetes Kriterium vorgeschlagen

$$\psi_{\mathrm{P_k}} = -\sum_{i,j} \langle \bar{u}_i'' \bar{u}_j'' \rangle \frac{\partial \langle \bar{u}_i \rangle}{\partial x_j} \,. \tag{4.8}$$

Dieses Kriterium ist allgemeiner als die bisher vorgestellten Kriterien, da es den gesamten Tensor der Geschwindigkeitsgradienten enthält, zusammen mit allen Reynoldsspannungen.

4.4. Parameter der Adaption

Für die in Abschnitt 4.2 beschriebene Prozedur der Adaption anhand statistischer Größen ist die Festlegung der Anzahl an Zeitschritten N_V für die Mittelung notwendig, zusammen mit der Anzahl auszuführender Adaptionen N_A, bis nahezu keine Gitterbewegung mehr durch die MMPDE detektiert wird. Für diese ist der globale Parameter τ zur Anpassung der Zeitskala zu wählen, während für die Monitorfunktion α festgelegt werden muss.

4.4.1. Anzahl der Zeitschritte N_V für die Mittelung

Die Mittelung in Spannweitenrichtung und Zeit beginnt nach jeder Adaption für die Zielgröße neu, da sich mit der Änderung des Gitters die Lösung selbst ändert, was wiederum zu modifizierten Mittelwerten führt. Die Güte eines Mittelwertes hängt dabei zum einen von der Mittelungslänge und zum andern von der zu mittelnden Größe selbst ab. So benötigen Momente erster Ordnung eine geringere Anzahl an Zeitschritten als Momente zweiter Ordnung für einen aussagekräftigen Mittelwert. Zur Bestimmung der Anzahl an Zeitschritten für die Mittelung wird daher Kriterium (4.5) mit der TKE verwendet.

Als charakteristische Zeitskala kommt dabei die Durchflusszeit zum Einsatz. Mit Hilfe des mittleren Zeitschritts $\Delta t = 0.020$ auf dem stationären Anfangsgitter folgt für eine Mittelung über eine Durchflusszeit $N_\mathrm{V} \approx 450$. Entsprechend wurden verschiedene Werte für N_V getestet: $N_\mathrm{V} = 100, 225\,, 450\,, 900$. Die übrigen Parameter wurden folgendermaßen belegt: $\tau = 0.01$, $\alpha = 100$, $N_\mathrm{A} = 100$ und MI mit $\lambda = 0.9$.

In Abbildung 4.4 ist die Bewegung eines Punktes nahe dem Rezirkulationsgebiet zu sehen. Für alle getesteten Mittelungslängen ergibt sich ein gleichartiger Trend. Dies bedeutet, dass auch für kurze Zeitspannen der Mittelung keine Gitterbewegung anhand lokaler Strukturen erfolgt.

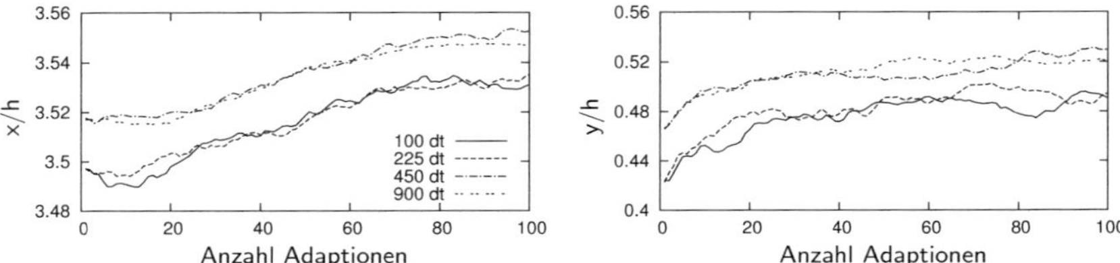

Abbildung 4.4.: Variation der Anzahl an Zeitschritten für die Mittelung mit $\psi_{\mathrm{tke,t}}$ (4.5) als Kriterium. Dargestellt ist die Bewegung eines Mittelpunktes nahe dem Ende des Rezirkulationsgebietes. Für $N_{\mathrm{V}} = 100$, 225 wurde ein Versatz von $\triangle x = 0.02$ für die horizontale (links) und $\triangle y = 0.04$ für die vertikale Position (rechts) aus Gründen der Übersichtlichkeit eingefügt. Die Legende hat Gültigkeit für beide Darstellungen.

Für beide Positionen ist ein weniger glatter Verlauf für die kürzeste Mittelungslänge $N_{\mathrm{V}} = 100$ zu erkennen. Die Verbesserungen der Simulationen mit $N_{\mathrm{V}} = 450$, 900 sind gering gegenüber jener mit $N_{\mathrm{V}} = 225$, so dass die erhöhten Kosten dieser Simulationen, die 2- bzw. 4fache Rechenzeit, den Mehrwert nicht aufwiegen. Aus diesem Grund wird für die nachfolgenden Simulationen eine Mittelungslänge von $N_{\mathrm{V}} = 225$ Zeitschritten eingesetzt.

4.4.2. Dauer der adaptiven Simulation

Zur Ausnutzung des vollen Potentials r-adaptiver Methoden muss eine ausreichende Anzahl an Adaptionen N_{A} durchgeführt werden, um ein konvergiertes Gitter zu gewährleisten. Für die Rechnung, dargestellt in Abbildung 4.4, ist die Anzahl an Adaptionen zu gering, da die Gitterbewegung offensichtlich noch nicht beendet ist. Eine Rechnung mit 400 Adaptionen, $N_{\mathrm{V}} = 225$, $\tau = 0.01$, $\alpha = 100$ und MI mit $\lambda = 0.9$, bildete die Basis zur Festlegung von N_{A}. Es zeigte sich, dass die größte Gitterbewegung innerhalb der ersten 100 bis 150 Adaptionen erfolgt. In Gebieten mit erhöhter Zielgröße sind mehr Adaptionen vonnöten. Nach etwa 250 bis 300 Adaptionen wird ein nahezu stationäres Gitter erreicht, so dass $N_{\mathrm{A}} = 300$ gesetzt wird.

4.4.3. Parameter τ zur Steuerung der Zeitskala der MMPDE

Die Wahl des globalen Parameters τ steuert die Zeitskala der MMPDE (3.7). Ein Absenken bedeutet dabei eine stärkere Gitteranpassung innerhalb eines Zeitschrittes. Dies birgt jedoch auch das Risiko von Gitteroszillationen, wenn Punkte innerhalb des Zeitschrittes über die optimale Position hinausschießen und sich dann im folgenden Zeitschritt in die entgegengesetzte Richtung bewegen. Verschiedene Werte für $\tau = 1.0, 0.1, 0.01, 0.0025$ wurden getestet, wobei $N_{\mathrm{V}} = 225$, $\alpha = 100$ und die MI mit $\lambda = 0.9$ eingesetzt wurden. Da hierbei nur die Geschwindigkeit der Adaption von Interesse ist, sind in Abbildung 4.5 nur 100 Adaptionen zu sehen.

Wie erwartet ist die Gitterbewegung für hohe Werte von $\tau = 1.0$ langsam und

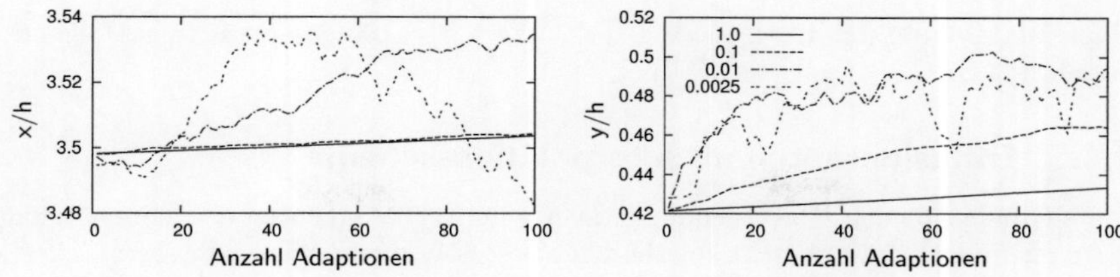

Abbildung 4.5.: Auswirkungen unterschiedlicher Zeitskalen τ der MMPDE. Dargestellt ist die Bewegung eines Mittelpunktes nahe dem Ende des Rezirkulationsgebietes. Die Legende hat Gültigkeit für beide Darstellungen.

gleichmäßig, ohne Oszillationen. Das Absenken von τ auf $\tau = 0.01$ und $\tau = 0.0025$ beschleunigt die Reaktion des Gitters auf die Monitorfunktion, wobei der letzte Wert bereits zu Oszillationen in der Punktbewegung führt. Eine weitere Absenkung auf $\tau = 0.001$ führt zur Divergenz der Rechnung. Für weitere Untersuchungen wird im Folgenden $\tau = 0.01$ verwendet, vergleichbar mit Werten von Lang et al. [57] und Cao et al. [14], die in vielfältigen Tests bestimmt wurden.

4.4.4. Skalierung der Monitorfunktion

Der globale Parameter α definiert die Größe der Monitorfunktion auf $\omega \in [1; \sqrt{1+\alpha}]$. Große Unterschiede in der Monitorfunktion und damit ein erhöhter Gradient bewirken eine stärkere Konzentration der Gitterpunkte in diesem Bereich. Werte für α im Bereich $[1; 1e6]$ wurden zusammen mit $\tau = 0.01$, $N_{\mathrm{V}} = 225$ und der MI mit $\lambda = 0.9$ getestet, siehe Abbildung 4.6.

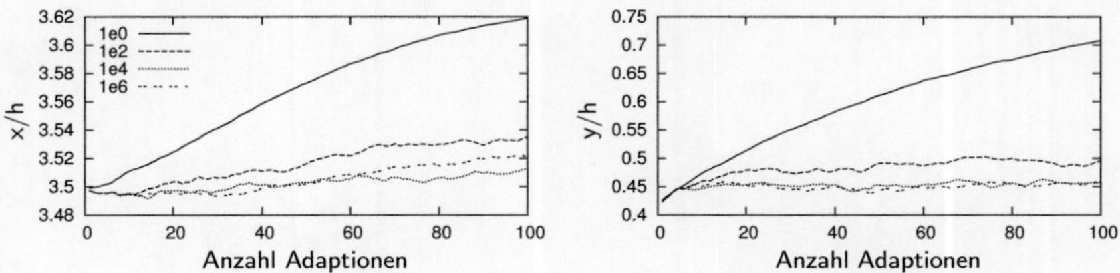

Abbildung 4.6.: Einfluss des Parameters α auf die adaptive Prozedur. Dargestellt ist die Bewegung eines Mittelpunktes nahe dem Ende des Rezirkulationsgebietes. Zu beachten ist die unterschiedliche Skalierung im Vergleich zu Abb. 4.4 und 4.5. Die Legende hat Gültigkeit für beide Darstellungen.

Für den kleinsten Bereich $\omega \in [1; \sqrt{2}]$ bei $\alpha = 1$ wird nahezu keine Adaption erreicht, nur eine Gleichverteilung des Gitters, da die Verteilung von ω zu gleichförmig für die MMPDE ist. Für größere Werte des Parameters sind nur geringe Gitteroszillationen zu beobachten. Weitere Untersuchungen mit kleinerem Wert für τ zeigten jedoch eine stärkere Neigung zu Oszillationen des Gitters für höhere Werte von α. Für die Generierung einer robusten Methode der Gitterbewegung wird in

Übereinstimmung mit Lang et al. [57] der Wert $\alpha = 100$ gesetzt für nachfolgende Simulationen.

4.4.5. Diffusionsanteil im Interpolationsschema

Die eindimensionalen Untersuchungen in Abschnitt 3.5.5 dienten der Einschätzung der eingeführten Interpolationsmethoden zur Bestimmung eines zulässigen Zelleckpunktgitters. Der Ansatz auf Basis der Seitenhalbierenden erwies sich als vielversprechend, da auftretende Degenerationen des Gitters durch das Einbringen von Diffusion vermieden werden können. Für die bisherigen Parameterstudien wurde der betreffende Faktor $\lambda = 0.9$ gesetzt. Dies bedeutet, dass 10 % der diffusionsbedingten Verschiebung der tatsächlichen Eckpunkte zu jenen, die bestimmt werden mittels der Seitenhalbierenden, wieder aufgeprägt werden zur Stabilisierung der Methode. Ein großer Vorteil der MI-Methode ist jedoch die exakte Wiedergabe von Zelleckpunkten, wenn die Zellmittelpunkte durch die MMPDE nicht bewegt werden. Dies wird mit $\lambda < 1$ verletzt. Daher ist es das Bestreben, diesen Faktor so nah wie möglich an dem Idealwert 1 zu belassen und nur so viel Diffusion wie notwendig in den Algorithmus zu integrieren.

Von den in Abschnitt 4.3 eingeführten Kriterien erwies sich die Produktion der TKE als das Kriterium, welches die größten Gitterdegenerationen bei $\lambda = 1$ zeigte, siehe Abbildung 4.7(a). Für die dargestellten Rechnungen wurden die folgenden übrigen Parameter entsprechend der obigen Studien gesetzt: $\tau = 0.01$, $\alpha = 100$, $N_V = 225$, $N_A = 300$.

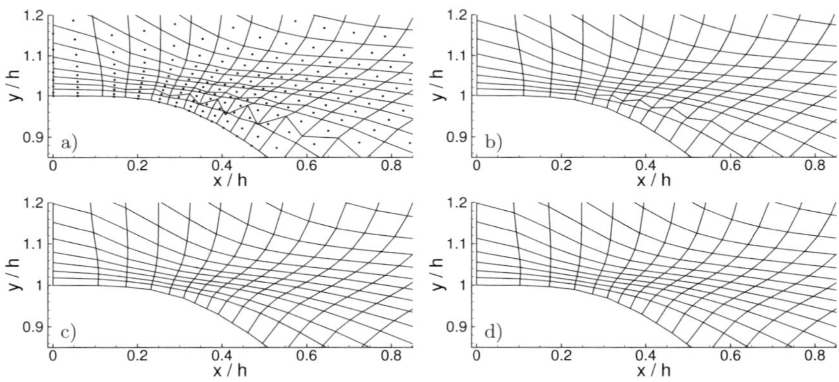

Abbildung 4.7.: Einfluss des Anteils der Diffusion der MI auf das finale Gitter: a) $\lambda = 1.0$, Originalmethode, b) $\lambda = 0.99$, c) $\lambda = 0.98$, d) $\lambda = 0.95$. Adaption mit ψ_{P_k} als QoI.

Es ist sowohl die bereits im Eindimensionalen auftretende schachbrettartige Verteilung von großen und kleinen Zellgrößen zu erkennen wie auch ein deutlicher Zick-Zack-Verlauf im Bereich der stärksten Adaption. Zu bemerken ist in dieser Abbildung ebenfalls, dass die Zellmittelpunkte eine homogene Verteilung ohne Degenerationen erkennen lassen.

Bereits ein geringer Eintrag an Diffusion reicht hierbei aus, ein zufriedenstellendes Gitter zu erhalten, siehe Abb. 4.7(b-d) mit einem Eintrag von maximal 5 % Diffusion ($\lambda = 0.95$). Der geringe Anteil der Diffusion hat dabei nahezu keinen Einfluss auf die berechnete mittlere Strömung. Die bestimmten Ablöse- und Wiederanlegepunkte zeigten Unterschiede im Bereich von 1 % für $\lambda = 0.98$ und $\lambda = 0.95$. Für die nachfolgenden Rechnungen wird $\lambda = 0.95$ eingesetzt.

4.5. Ergebnisse der Adaption anhand von Einzelkriterien

Im Abschnitt 3.2 wurde die Bedeutung der Monitorfunktion als Indikator der Adaption diskutiert. Hohe Werte von ω bewirken eine Konzentration der Gitterpunkte, während ein niedriger Wert eine geringe Anzahl von Zellen nach sich zieht. Ausgehend von der Lösung auf dem Anfangsgitter ergaben sich die in Abbildung 4.8 (links) dargestellten Verteilungen der Monitorfunktion im ersten adaptiven Zeitschritt unter Verwendung der oben definierten Kriterien. Die finale Verteilung der Punkte nach 300 Adaptionen ist in der gleichen Abbildung rechts zu sehen. Erwartungsgemäß führt die Anwendung verschiedenartig motivierter Kriterien zu unterschiedlichen Verteilungen der Monitorfunktion und damit verbunden zu unterschiedlichen finalen Gittern.

Unter Verwendung des Gradienten der Geschwindigkeit in Hauptströmungsrichtung ψ_{gu}, siehe Abb. 4.8(a,b), wird das Maximum der Monitorfunktion im ersten Zeitschritt mit Adaption nahe dem Hügelkamm auf der Windseite bestimmt, da dort eine starke Beschleunigung der Strömung auftritt. Zusätzlich wird auch das Gebiet nahe dem Ablösepunkt mit einer hohen Monitorfunktion für eine Verfeinerung markiert. Während die Werte nahe der oberen Wand moderat sind, wird nahezu der gesamte Rest des Gebietes als unwichtig durch das Kriterium eingestuft. Erwartungsgemäß findet die stärkste Konzentration der Gitterpunkte an der Windseite nahe dem Hügelkamm ($x/h \approx 8.7$) statt, wobei in Wandnormalenrichtung fast eine Auflösung der wandnahen Schicht erreicht wird ($\triangle y^+ \approx 6$). Nahe dem Ablösepunkt kann eine Verfeinerung des Gitters entlang der gekrümmten Wand festgestellt werden, so dass die Schrittweite in dieser Richtung nahezu halbiert wird, verglichen mit dem Ausgangsgitter. Die nur mäßig hohen Werte der Monitorfunktion im Bereich der oberen Wand führen zu einer entsprechend geringer ausgeprägten Gitterverfeinerung. Die konstant niedrigen Werte von ω im übrigen Simulationsgebiet führen zu einem äquidistanten und orthogonalen Gitter in diesen Regionen.

Das Verhältnis turbulenter Viskosität zur totalen ψ_ν (4.2) in Abb. 4.8(c) zeigt eine grundlegend andere Verteilung der Monitorfunktion. In nahezu allen Bereichen des Gebietes ist diese mit $\omega > 0.7\,\omega_{\mathrm{max}}$ sehr hoch, da aufgrund des groben Gitters weithin $\nu_{\mathrm{t}} \gg \nu_{\mathrm{m}}$ und damit $\nu_{\mathrm{m}} + \nu_{\mathrm{t}} \approx \nu_{\mathrm{t}}$ ist. Einzig an den Wänden trifft dies nicht zu, da hier die Wirbelviskosität ν_{t} laut Modell verschwindet. Dementsprechend hat die Monitorfunktion an der Wand ihre niedrigsten Werte, was zu großen Zellabmessungen in Wandnormalenrichtung im finalen Gitter, Abb. 4.8(d), führt. Ähnlich dem Verhalten bei kleinen Werten des Parameters α, diskutiert in Abschnitt 4.4.4, kann kein Gebiet mit deutlicher Verfeinerung des Gitters detektiert werden. Nähere Untersuchungen der Verteilung von ψ_ν zeigen die Maximalwerte, und damit die größte turbulente

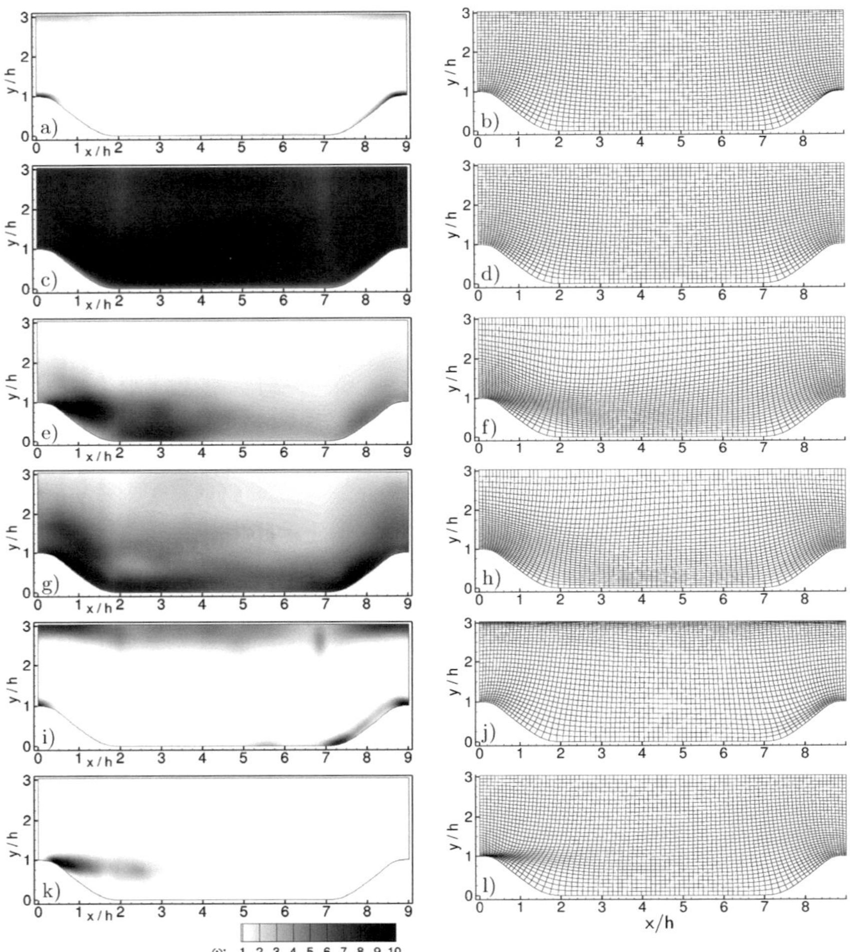

Abbildung 4.8.: Anwendung von Einzelkriterien, ausgehend vom Anfangsgitter in Abb. 4.2. Monitorfunktion ω im ersten Zeitschritt mit Adaption (links) und finales Gitter nach 300 Adaptionen (rechts). QoI: (a, b) Gradient der Geschwindigkeit in Hauptströmungsrichtung ψ_{gu}; (c, d) Turbulente Viskosität ψ_{ν}; (e, f) modellierte TKE $\psi_{\mathrm{tke,t}}$ (4.5); (g, h) modellierte TKE $\psi_{\mathrm{tke,c}}$ (4.6); (i, j) Schubspannung ψ_{τ}; (k, l) Produktion der TKE $\psi_{\mathrm{P_k}}$.

Aktivität, im Bereich der Scherschicht, stromab des Hügelkamms. Dies belegt, dass ψ_ν durchaus ein geeignetes Kriterium für LES ist. Jedoch würde es seine Stärken in einer Strömung, in der ν_t und ν_m von vergleichbarer Größe sind, besser entfalten können.

Zwei unterschiedliche Modifikationen der modellierten TKE wurden untersucht. Die Nutzung des Maximums von k_tot im Nenner $\psi_\mathrm{tke,t}$ (4.5) zeigt Potential für eine Verfeinerung in der freien Scherschicht nach der Ablösung von der Hügeloberfläche, siehe Abb. 4.8(e). Die erhöhten Werte der Monitorfunktion nahe der unteren Wand wurden nur im ersten Adaptionsschritt festgestellt. Entsprechend weist das finale Gitter, Abb. 4.8(f), nur eine erhöhte Anzahl von Gitterpunkten in der freien Scherschicht nahe dem Ablösepunkt auf. Dabei kann sowohl eine Verfeinerung entlang der Wand wie auch in Wandnormalenrichtung beobachtet werden. Aus diesem Grund wird eine gute Vorhersage des Ablösepunktes erwartet. Jedoch zeigen detaillierte Untersuchungen, dass sich die Gitterpunktkonzentration bei $x/h \approx 0.4$, also nach dem erwarteten Ablösepunkt, befindet, siehe Tabelle 4.2. Im Vergleich mit den übrigen Kriterien sind große Zellen an der oberen Wand zu erkennen, welche aus der Gitterbewegung in Richtung der Scherschicht resultieren. Ergebnisse der zweiten Modifikation der TKE (4.6) sind in Abb. 4.8(g, h) dargestellt. Das Maximum befindet sich nahe dem Hügelkamm, während moderate Werte entlang der gekrümmten Wand zu finden sind. Das finale Gitter, Abb. 4.8(h), weist dementsprechend entlang der unteren Wand zwischen den beiden Hügeln die Verteilung mit den geringsten Zellabmessungen in Wandnormalenrichtung aller untersuchten Kriterien auf. Wie von der Monitorfunktion vorgegeben wird die stärkste Gitterverfeinerung oberhalb des Hügelkamms erreicht. Die Größe der Wandzellen in diesem Bereich ist jedoch vergleichbar mit jenen von ψ_ν, da auch $\psi_\mathrm{tke,c}$ an der Wand null wird. Die Ansammlung der Gitterpunkte nahe dem Hügelkamm bewirkt entsprechend eine Vergröberung nahe der oberen Wand.

Für das auf der Reynolds-Schubspannung basierende Kriterium ψ_τ sind hohe Werte der Monitorfunktion im Bereich der oberen Wand zu sehen, wobei das Maximum jedoch über dem Hügelkamm positioniert ist, siehe Abb. 4.8(i). Ein großer Gradient der Strömungsgeschwindigkeit, kombiniert mit hohen Werten der Wirbelviskosität ν_t aufgrund des groben Gitters, sind verantwortlich für hohe Werte von τ_{12}^mod in diesen Bereichen. Entsprechend ist im finalen Gitter, Abb. 4.8(j), eine deutliche Verfeinerung an der oberen Wand und am Hügelkamm zu sehen. Dies führt zu großen Zellen im übrigen Gebiet. Aufgrund der geringen Werte für ω zwischen den beiden Hügeln fand in diesem Bereich eine Vergleichmäßigung des Gitters statt.

Die Produktion der TKE $\psi_{\mathrm{P_k}}$ (4.8) findet nahe dem Ablösepunkt und in der freien Scherschicht statt, siehe Abb. 4.8(k), widergespiegelt durch das finale Gitter in Abb. 4.8(l) mit entsprechender Verfeinerung. Dabei wird sowohl in wandnormaler wie auch tangentialer Richtung eine kleinere Zellabmessung erreicht. Im übrigen Gebiet fand, aufgrund der niedrigen Werte von ω, eine Vergleichmäßigung des Gitters statt.

Das Ziel der Adaption ist eine bessere Simulation der turbulenten Strömung. Um die finalen Gitter beurteilen zu können, werden im Folgenden die darauf erzielten Statistiken diskutiert. Die Profile und Werte wurden in Rechnungen mit zeitlicher und räumlicher Mittelung in z-Richtung in 50 DFZ ermittelt. In Abbildung 4.9 sind die mittleren Profile der Geschwindigkeit in Hauptströmungsrichtung $\langle \overline{u} \rangle$ an drei verschiedenen Positionen zu sehen. Die erste Position $x/h = 0.05$ befindet sich nur wenig stromab des Hügelkamms. Das Profil der Referenzlösung [28], siehe Abb. 4.9 (links), weist zwei Maxima auf, wobei das nahe der gekrümmten Wand aus der Beschleunigung an der Windseite des Hügels resultiert. Das Profil bei $x/h = 2.0$ (Mitte der Abb. 4.9) zeigt einen Schnitt durch die Mitte des Rezirkulationsgebietes. Erkennbar sind die Ausdehnung dieses Gebietes in Wandnormalenrichtung sowie die darüber befindliche freie Scherschicht. Die dritte Position, $x/h = 6.0$, befindet sich mittig zwischen dem Wiederanlegepunkt und dem Fuß des nächsten Hügels, siehe Abb. 4.9 (rechts). Die Ablöse- und Wiederanlegepunkte der mittleren Strömung sind in Tabelle 4.2 zusammengestellt.

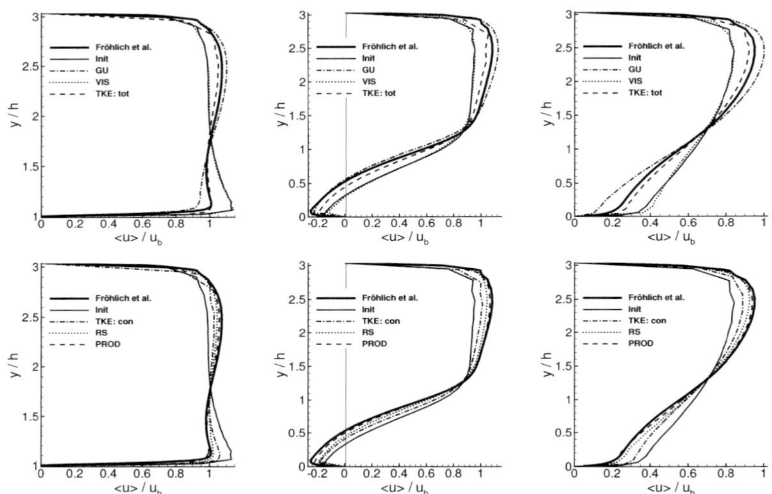

Abbildung 4.9.: Gemittelte Geschwindigkeit in Hauptströmungsrichtung $\langle \bar{u} \rangle$ an den Positionen: $x/h = 0.05$ (links), $x/h = 2.0$ (mitte) und $x/h = 6.0$ (rechts). Verglichen mit Daten aus [28] für Ergebnisse der Adaption mittels Einzelkriterien. QoI: ψ_{gu} (GU), ψ_{ν} (VIS), $\psi_{\text{tke,t}}$ (TKE:tot), $\psi_{\text{tke,c}}$ (TKE:con), ψ_{τ} (ST).

Bevor die Ergebnisse der adaptiven Simulationen thematisiert werden, ist die Lösung der LES auf dem Anfangsgitter, ebenfalls in Abb. 4.9, von Interesse. Obwohl dieses Gitter von einem eigens für diese Konfiguration erstellten wandauflösenden Gitter abgeleitet wurde, sind große Abweichungen zur Referenzlösung zu erkennen. Diese Abweichungen bieten jedoch den Angriffspunkt für die r-Adaption: Lösungen auf bereits geeigneten Gittern noch zu verbessern. Die Abweichungen des Ablöse- und Wiederanlegepunktes in Tabelle 4.2 belegen die angemerkten Abweichungen der Profile.

Von den Strömungsprofilen an der Stelle $x/h = 0.05$ können vor allem für die Anwendung von ψ_{gu} und ψ_{P_k} vergleichbar gute Resultate wie in [28] erzielt und die Verhältnisse der beiden Maxima richtig wiedergeben werden. Wie erwartet kann der Einsatz der Wirbelviskosität als Kriterium die Ergebnisse der LES auf einem

	Referenz [28]	Init	ψ_{gu}	ψ_{ν}	$\psi_{\mathrm{tke,t}}$	$\psi_{\mathrm{tke,c}}$	ψ_{τ}	$\psi_{\mathrm{P_k}}$
x_{s}/h	0.20	0.53	0.29	0.59	0.39	0.45	0.47	0.31
x_{r}/h	4.56	3.08	4.84	2.68	3.59	3.25	3.70	3.98

Tabelle 4.2.: Ablöse- und Wiederanlegepunkte für Simulationen auf dem finalen Gitter unter Nutzung von Einzelkriterien im Vergleich mit Referenzdaten [28].

stationären Gitter nicht verbessern. Aufgrund der nur grob aufgelösten Strömung in Wandnähe muss eine Verschlechterung des Ablöse- und Wiederanlegepunktes hingenommen werden. Als einziges weiteres Kriterium kann $\psi_{\mathrm{tke,t}}$, basierend auf der TKE mit der Modifikation des globalen Maximums, eine deutliche Verbesserung des Ablöse- und Wiederanlegepunktes bewirken. Die übrigen Kriterien erreichen Ergebnisse, die vergleichbar mit der Startlösung sind. Entsprechend zeigen die mittels ψ_{gu} und $\psi_{\mathrm{P_k}}$ erzielten Gitter für die Strömungsablösung und -wiederanlegung Werte nahe an der Referenzlösung (Tabelle 4.2). Dies stimmt mit dem Profil bei $x/h = 2.0$ überein. Die verbleibenden Kriterien zeigen alle Profile bei $x/h = 2.0$ eine deutlich zu klein ausgebildete Rezirkulationszone in Wandnormalenrichtung in den Verläufen von $\langle \bar{u} \rangle$, siehe Abb. 4.9 (mitte). Dies impliziert eine zu späte Ablösung stromab des Hügels mit einem folglich zu klein ausgebildeten Rückströmungsgebiet. Daraus folgt eine zu zeitige Wiederanlegung der Strömung, belegt durch die Werte in Tabelle 4.2. Die Profile der Geschwindigkeit $\langle \bar{u} \rangle$ an der Stelle $x/h = 6.0$ können die Ergebnisse aus Tabelle 4.2 nur bedingt widerspiegeln. Auffallend ist die deutlich zu spät erfolgende Wiederanlegung für ψ_{gu}, obwohl die Ablösung später als in der Referenz erfolgte. Aufgrund der Hügelkontur wäre eine vorzeitige Wiederanlegung zu erwarten, wenn die Strömung verspätet ablöst, da das Rezirkulationsgebiet flacher ausgebildet wird. Entsprechend zeigt das Profil von $\langle \bar{u} \rangle$ bei $x/h = 6.0$ in Abb. 4.9 (rechts) als Einziges eine deutlich schwächer regenerierte Strömung. Der Großteil der Kriterien weist dagegen aufgrund des zu frühen Wiederanlegens ein fülligeres Profil auf. Nur $\psi_{\mathrm{P_k}}$ vermag das Profil nahezu exakt wiederzugeben. Daher ist der doch deutlich zu früh detektierte Anlegepunkt x_{r}/h verwunderlich. Detaillierte Untersuchungen des betreffenden Bereiches offenbarten eine Ausdehnung des Rezirkulationsgebietes in Wandnormalenrichtung von einer Zelle bei $x/h \approx 4.0$, so dass die Detektion von x_{r}/h durch die grobe Auflösung in diesem Bereich unsicher ist. Erwartungsgemäß liefert die Adaption anhand ψ_{ν} die kürzeste Länge des Rückströmungsgebietes und damit die stärkste Annäherung des Profils an eine ungestörte Strömung bei $x/h = 6.0$.

Von den Momenten zweiter Ordnung ist die Reynolds-Schubspannung die aus dynamischer Sicht wichtigste, dargestellt für die vormals eingeführten Positionen in Abbildung 4.10. Das lokale Minimum an der Stelle $x/h = 0.05$ in Wandnähe kann durch keines der Kriterien wiedergegeben werden. Dies liegt an der insgesamt zu geringen Anzahl an Gitterpunkten, um derart kleinskalige Strömungsphänomene aufzulösen. Die Position des globalen Maximums hingegen wird von allen Kriterien gut wiedergegeben, nur die absolute Größe variiert. Für ψ_{gu} und $\psi_{\mathrm{P_k}}$ kann wiederum an den Stellen $x/h = 0.05$ und $x/h = 2.0$ eine gute Übereinstimmung ermittelt werden. Große Abweichungen müssen für die übrigen Kriterien beobachtet werden, sowohl die Größe des Minimums als auch dessen Abstand von der Wand betreffend. Da das Minimum den Ort maximaler Scherung anzeigt, belegen die detektierten Abweichungen die unterschiedlich bestimmten Größen des Rezirkulationsgebietes in wandnormaler Richtung.

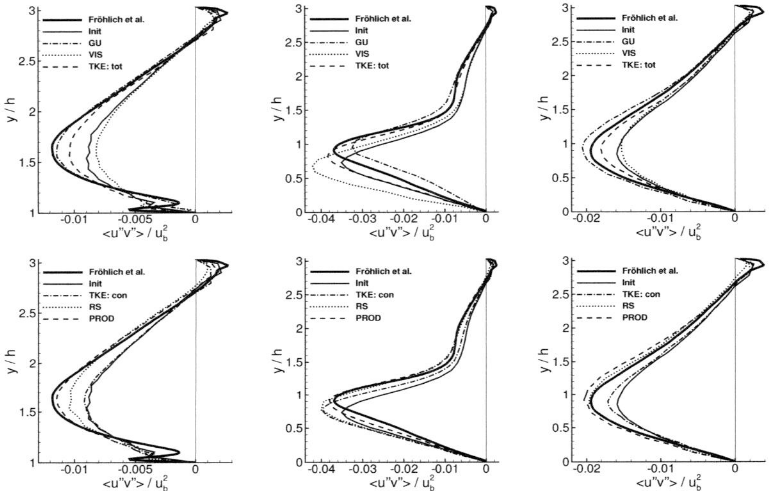

Abbildung 4.10.: Reynolds Schubspannung $\langle \bar{u}''\bar{v}'' \rangle$ an den Positionen: $x/h = 0.05$ (links), $x/h = 2.0$ (mitte) und $x/h = 6.0$ (rechts). Verglichen mit Daten aus [28] für Ergebnisse der Adaption mittels Einzelkriterien. QoI: ψ_{gu} (GU), ψ_ν (VIS), $\psi_{\text{tke,t}}$ (TKE:tot), $\psi_{\text{tke,c}}$ (TKE:con), ψ_τ (ST).

Die Profile bei $x/h = 6.0$ in der Regeneration der Strömung, siehe Abb. 4.10 (rechts), zeigen eine gute Übereinstimmung der Ergebnisse für ψ_τ und ψ_{P_k} mit der Referenz [28]. Analog zu den Geschwindigkeitsprofilen in Abb. 4.9 (rechts) zeigen die Profile, basierend auf ψ_{gu}, eine leichte Verzögerung in der Strömungsregeneration, so dass die Scherspannung eine Überhöhung anzeigt.

Die Verbesserung, erreichbar durch den Einsatz der r-Adaption, ist in den Abbildungen 4.9 und 4.10 deutlich sichtbar. Es muss jedoch auch festgehalten werden, dass nicht mit jedem Kriterium eine Verbesserung erzielt werden kann.

4.6. Kombination von Kriterien

Die Einzelkriterien, untersucht im vorangegangenen Abschnitt, haben ihre Anwendbarkeit im Rahmen der LES bewiesen. Die Kombination verschiedener Kriterien verspricht weitere Verbesserungen der Ergebnisse, da jedes Kriterium alleine unterschiedliche Regionen verfeinert. Kombiniert werden im folgenden zwei Kriterien ($N_\text{k} = 2$), wobei ψ_{gu} als ein Anteil in allen Kombinationen Verwendung findet, da viele der LES-spezifischen Kriterien in Abschnitt 4.3 auf das Innere der Strömung fokussieren und damit eine unzureichende Auflösung der wandnahen Strömung entsteht.

Der Gradient der Geschwindigkeit in Hauptströmungsrichtung ψ_{gu} wurde kombiniert mit:

- modellierter TKE mit Modifikation (4.5): ψ_{gu} & $\psi_{tke,t}$,
- modellierter TKE mit Modifikation (4.6): ψ_{gu} & $\psi_{tke,c}$,
- Schubspannung (4.7): ψ_{gu} & ψ_{τ} .

Das Kriterium ψ_{ν} unter Verwendung der Wirbelviskosität ν_t findet hier keine Anwendung, da in Kombination mit ψ_{gu} ein Kriterium mit hohen Werten überall im Gebiet resultiert. Dies würde nicht zu einer Adaption, sondern zu einer Gleichverteilung führen. Die Formulierung (3.9) gewährleistet eine Kombination mit gleich gewichteten Kriterien. Für Ergebnisse mit unterschiedlicher Wichtung der Kriterien sei auf Hertel et al. [37] verwiesen. Die Parameter der nachfolgenden Simulationen sind identisch mit den in Abschnitt 4.4 festgelegten.

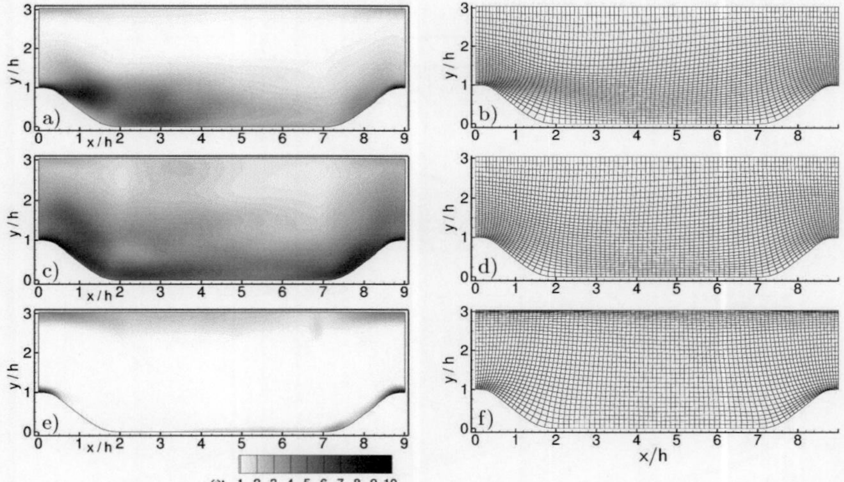

Abbildung 4.11.: Anwendung von kombinierten Kriterien, ausgehend vom Anfangsgitter in Abb. 4.2. Monitorfunktion ω im ersten Zeitschritt mit Adaption (links) und finales Gitter nach 300 Adaptionen (rechts). Als Zielgröße wurde der Gradient von $\langle \bar{u} \rangle$ in ψ_{gu} kombiniert mit: (a, b) modellierter TKE $\psi_{tke,t}$(4.5); (c, d) modellierter TKE $\psi_{tke,c}$ (4.6); (e, f) Schupspannung ψ_{τ}.

Die Monitorfunktion im ersten adaptiven Zeitschritt, zusammen mit dem finalen Gitter nach 300 Adaptionen, ist für die gewählten Kombinationen in Abbildung 4.11 dargestellt. Der Vergleich von ω mit den einzelnen Kriterien illustriert den Grundgedanken der Überlagerung der Zielgrößen. Es können in den Verteilungen von ω die Regionen hoher Werte von ψ_{gu} und des jeweils kombinierten Kriteriums erkannt werden.

Unter Hinzunahme der Modifikation der TKE $\psi_{\text{tke,t}}$ (4.5) kann eine deutliche Verfeinerung des Gitters in der Scherschicht und an der Windseite nahe dem Hügelkamm in Abb. 4.11(b) beobachtet werden, was mit der Verteilung von ω am Beginn der adaptiven Simulation, Abb. 4.11(a) übereinstimmt. In der Scherschicht sind, ähnlich den Ergebnissen mit $\psi_{\text{tke,t}}$ allein, gescherte Zellen zu beobachten. Aufgrund der starken Adaption in diesem Bereich resultieren nahe der oberen Wand und im Rezirkulationsgebiet große Zellen. Für die Kombination mit $\psi_{\text{tke,c}}$, der zweiten Modifikation der TKE (4.6), zeigt die Monitorfunktion einen Indikator für die Gitterverfeinerung entlang der unteren, gekrümmten Wand, siehe Abb. 4.11(c). Daraus folgt eine Verfeinerung des Gitters im Bereich des Hügelkamms, sowohl in Wandnormalenrichtung wie auch in Tangentialrichtung. Aufgrund der moderaten Werte im übrigen Gebiet ist das Gitter dort gleichverteilt. Der Einsatz der Schubspannung ψ_τ als zweiter Partner der Kombination führt zu einem Maximum von ω, ebenfalls nahe dem Hügelkamm. Hier sind jedoch die Werte von ω an der oberen Wand geringer als bei ψ_τ allein. Erwartungsgemäß erfolgt die Konzentration der Gitterpunkte in diesen beiden Gebieten, siehe Abb. 4.11(f), wobei beide weniger stark ausfallen als für die Einzelkriterien.

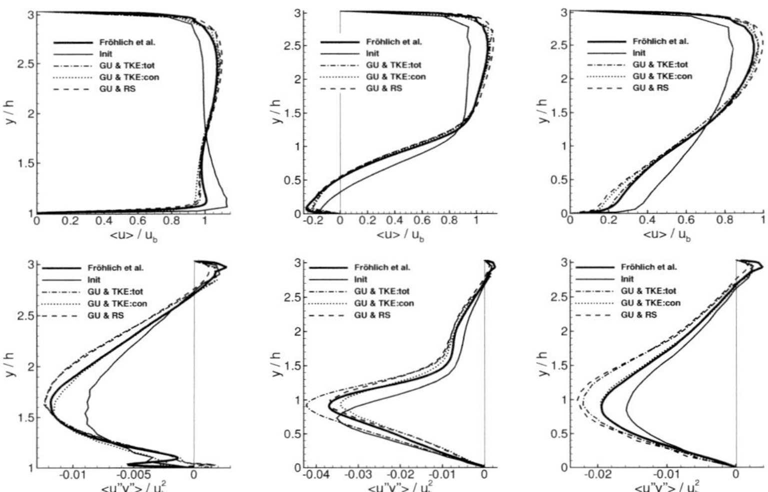

Abbildung 4.12.: Gemittelte Geschwindigkeit in Hauptströmungsrichtung $\langle\bar{u}\rangle$ und Reynolds-Schubspannung $\langle\bar{u}''\bar{v}''\rangle$ an den Positionen $x/h = 0.05$ (links), $x/h = 2.0$ (mitte) and $x/h = 6.0$ (rechts) im Vergleich zu Daten aus [28] für Ergebnisse der Adaption mit kombinierten Kriterien. QoIs: $\psi_{\text{gu}} \& \psi_{\text{tke,t}}$ (GU & TKE:tot), $\psi_{\text{gu}} \& \psi_{\text{tke,c}}$ (GU & TKE:con), $\psi_{\text{gu}} \& \psi_\tau$ (GU & RS).

Die gemittelten Profile der Geschwindigkeit in Hauptströmungsrichtung $\langle\bar{u}\rangle$ und der Reynolds-Schubspannungen $\langle\bar{u}''\bar{v}''\rangle$ an den bereits bekannten Positionen im Strömungsfeld sind in Abbildung 4.12 dargestellt. Alle untersuchten Kombinationen zeigen eine deutliche Verbesserung, verglichen mit der LES auf dem Anfangsgitter.

Die Ergebnisse zeigen Profile nahe der Referenzlösung für $\langle\bar{u}\rangle$, wobei für $\psi_{\mathrm{tke,t}}$ die beste Übereinstimmung festgestellt wird. Dies wird bestätigt durch die mittleren Ablöse- und Wiederanlegepunkte, zusammengetragen in Tabelle 4.3. Für $\langle\bar{u}''\bar{v}''\rangle$ zeigen sich verschiedene Tendenzen. Während an der Stelle $x/h = 2.0$ $\psi_{\mathrm{gu}}\,\&\,\psi_\tau$ sehr nah an der Referenz ist, werden bei $x/h = 6.0$ starke Abweichungen festgestellt. Am stärksten kann die Kombination mit $\psi_{\mathrm{tke,c}}$ die Profile von $\langle\bar{u}''\bar{v}''\rangle$ in Richtung der Referenz verbessern.

	Referenz [28]	Init	$\psi_{\mathrm{gu}}\,\&\,\psi_{\mathrm{tke,t}}$	$\psi_{\mathrm{gu}}\,\&\,\psi_{\mathrm{tke,c}}$	$\psi_{\mathrm{gu}}\,\&\,\psi_\tau$
x_{s}/h	0.20	0.53	0.18	0.27	0.23
x_{r}/h	4.56	3.08	4.08	4.45	4.60

Tabelle 4.3.: Ablöse- und Wiederanlegepunkte für Simulationen auf dem finalen Gitter unter Nutzung von kombinierten Kriterien im Vergleich mit Referenzdaten [28].

Alle drei untersuchten Kombinationen weisen eine deutliche Verbesserung der Ablöse- und Wiederanlegepunkte gegenüber den jeweiligen Einzelkriterien auf. Als einziges untersuchtes Kriterium zeigt die Kombination von $\psi_{\mathrm{gu}}\,\&\,\psi_{\mathrm{tke,t}}$ einen Ablösepunkt stromauf der Referenz, jedoch dazu ein zu kleines Rezirkulationsgebiet, wie es sonst auch für Simulationen mit $x_{\mathrm{s}}/h > 0.3$ festgestellt wurde. Die beste Voraussage der Ablösung und Wiederanlegung wird von dem kombinierten Kriterium $\psi_{\mathrm{gu}}\,\&\,\psi_\tau$ getroffen, und dies, obwohl die mangelnde Regeneration der Strömung bei $x/h = 6.0$ auf eine deutlich zu späte Wiederanlegung deutet. Diese ist jedoch vergleichbar mit der Referenz, was auf die grobe Schrittweite im Bereich der Wiederanlegung als Ursache der mangelnden Vergleichmäßigung der Strömung schließen lässt. Hinsichtlich der Strömungsprofile ähnelt besonders diese Variante sehr stark der Adaption mit ψ_{gu} allein, mit positiver Auswirkung von ψ_τ.

Der Verlauf der Scherspannung $\langle\bar{u}''\bar{v}''\rangle$ variiert ja nach Kombination der Kriterien hinsichtlich ihres Maximums. Dessen Position wird aber von allen Kriterien richtig wiedergegeben. Die Verbesserung gegenüber der Lösung auf dem Anfangsgitter ist deutlich. Wie bereits bei den Einzelkriterien kann das lokale Minimum der Reynoldsspannungen an der Stelle $x/h = 0.05$ von keinem der Kriterien aufgelöst werden, da die globale Anzahl an Gitterpunkten zu gering ist. Gleiches gilt für die Maxima dieser Größe nahe der oberen Wand.

4.7. Ergebnisse der Bewegung von Zelleckpunkten

In Abschnitt 3.4 wurde die Wahl der Größe $\mathbf{x}$ in der MMPDE (3.6) diskutiert und auf die beiden möglichen Realisierungen der Bewegung von Zelleckpunkten $\tilde{\mathbf{x}}$ und Zellmittelpunkten $\mathbf{x}$ eingegangen. Neben der bereits besprochenen Realisierung wurde auch die der Eckpunkte $\tilde{\mathbf{x}}$ umgesetzt, da in diesem Fall eine Interpolation nicht notwendig ist und sofort ein zulässiges Gitter als Lösung der MMPDE resultiert. Die Realisierung der MMPDE (3.7) für Eckpunkte erfolgte noch den Mittelpunkten. In Abschnitt 3.3.4 wurde die Skaleninvarianz der MMPDE erläutert und zusammen mit dem Einfluss der Wahl von $\boldsymbol{\xi}$ diskutiert. Die Relevanz dieses Aspektes wurde jedoch erst im Rahmen der Umsetzung der Mittelpunkt-Methode erkannt, so dass die erste Implementierung einen von der Ausdehnung des physikalischen Gebietes L_i und der Anzahl der Zellen abhängigen Wert für $\Delta\xi_i$ verwendet hat:

$$\Delta\xi_i = \frac{L_i}{N_i} . \tag{4.9}$$

Zur Gewährung der Skaleninvarianz der MMPDE erweist sich jedoch ein fester Wert von $\Delta\xi_i = 1$ als deutlich geeigneter und wurde für die zuvor gezeigten Adaptionen der Mittelpunkte eingesetzt. Die Wahl von $\Delta\xi_i = N_i/L_i$ hat zur Folge, dass sich die Zeitskala bei sonst gleichen Bedingungen ändert, wenn bspw. die Anzahl der Zellen geändert wird. Dies muss sich in der Wahl von τ für die Knotenbewegungen widerspiegeln. Die Kompensation dieser Änderung kann mit einer Skalierung der Form

$$\tau\Big|_{\Delta\xi=1} \approx \frac{1}{s^2}\,\tau\Big|_{\Delta\xi=L/N} \tag{4.10}$$

näherungsweise behoben werden, wobei aufgrund der zu diesem Testfall gehörenden Ausdehnung und Zellenanzahl $s \approx 10$ ist. Dies bedeutet einen Faktor von 100 und damit $\tau = 1.0$ für die Zelleckpunkt-Bewegung.

Für die beiden Zielgrößen ψ_{gu} und $\psi_{\mathrm{P_k}}$ sind die Ergebnisse der finalen Gitter in Abb. 4.13 zu sehen, wobei nur Ausschnitte der relevanten Bereiche dargestellt sind. Die Parameter der MMPDE wurden analog zu Abschnitt 4.4 gesetzt, mit Ausnahme der diskutierten Änderung für τ. Die Bereiche starker Adaption sind für beide Methoden erwartungsgemäß gleich. Nur leichte Abweichungen sind bei der Produktion der TKE im Bereich der Scherschicht zu erkennen.

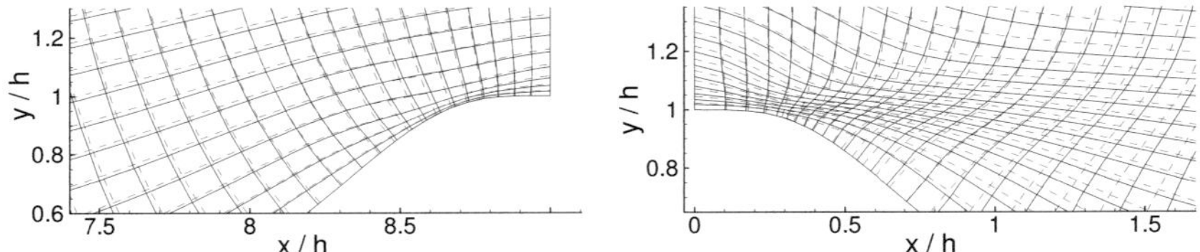

Abbildung 4.13.: Vergleich der finalen Gitter im Bereich der stärksten Adaption von Zellmittelpunkten (schwarz durchgezogene Linie) und von Eckpunkten (rot gestrichelte Linie): ψ_{gu} (links) und $\psi_{\mathrm{P_k}}$ (rechts).

Für beide Methoden sind in Abbildung 4.14 die gemittelten Größen der Geschwindigkeit in Hauptströmungsrichtung $\langle \bar{u} \rangle$ und der Scherspannung $\langle \bar{u}''\bar{v}'' \rangle$ zu sehen. Erstere weisen einen nahezu gleichen Verlauf für beide Methoden auf. Für die Reynolds-Spannungen können kleine Abweichungen beobachtet werden. Zu berücksichtigen ist hier jedoch auch der Aspekt der groben Auflösung im Bereich des Gitters nach der Wiederanlegung und der Umstand, dass bereits kleine Änderungen in der Auflösung der Strömung am Ablösepunkt sichtbaren Einfluss auf die Berechnung stromab haben. In stärkerem Maße ist dies hier für ψ_{gu} sichtbar.

Die Adaption der Zelleckpunkte wurde auch für die übrigen Kriterien aus Ab-

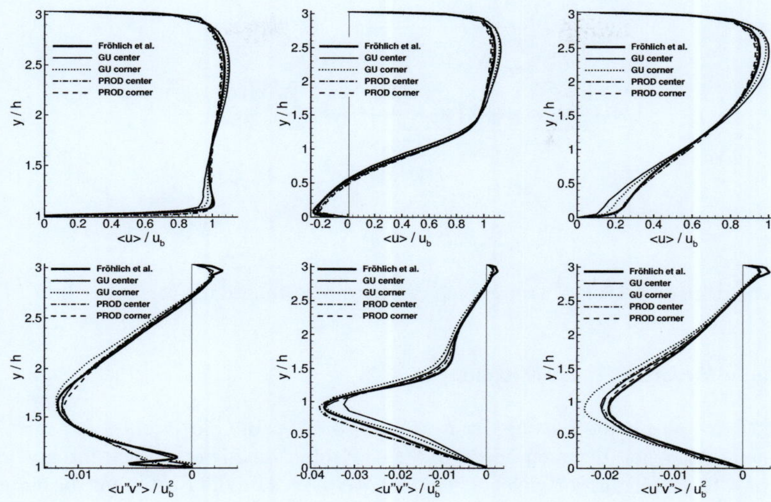

Abbildung 4.14.: Gemittelte Geschwindigkeit in Hauptströmungsrichtung $\langle \bar{u} \rangle$ und Reynolds-Schubspannung $\langle \bar{u}'' \bar{v}'' \rangle$ an den Positionen $x/h = 0.05$ (links), $x/h = 2.0$ (mitte) and $x/h = 6.0$ (rechts) im Vergleich zur Referenz [28]. QoIs: ψ_{gu} (GU) und $\psi_{\mathrm{P_k}}$ (PROD) für Adaption der Zellmittelpunkte (center) und Zelleckpunkte (corner).

schnitt 4.3, sowohl einzeln als auch in Kombination, durchgeführt. Es ergab sich dabei ein mit den Ergebnissen aus Abschnitt 4.5 und 4.6 vergleichbares Bild. Diese Ergebnisse sind in Hertel et al. [37] gezeigt.

4.8. Modifikation der adaptiven Prozedur

Die Phase der Gitteranpassung wurde im Abschnitt 4.2 vorgestellt. Dabei wird die Länge dieses adaptiven Abschnittes mit Hilfe der beiden Parameter N_{V} und N_{A} gesteuert und ist fest für alle untersuchten Kriterien. Diese wurden so bestimmt, dass sie gut geeignet sind für alle Zielgrößen. Jedoch variiert die notwendige Mittelungslänge der einzelnen QoI in Abhängigkeit von den enthaltenen Strömungsgrößen. Auch die notwendige Anzahl der Adaptionen kann zwischen den Zielgrößen variieren. Ziel der im Folgenden vorgestellten Modifikationen der adaptiven Prozedur ist die weitestgehende Reduzierung der CPU-Zeit dieser Phase unter der Bedingung eines nach wie vor optimalen Gitters für das jeweilige Kriterium.

Der modifizierte Ablauf der Phase der Gitteranpassung ist in Abbildung 4.15 zu sehen. Dabei bezeichnet 'Periode' die Mittelung über eine Zeit T_{V}, gefolgt von einem adaptiven Block (AD), der nun aus N_{b} Adaptionen an Stelle der bisherigen einen Adaption besteht.

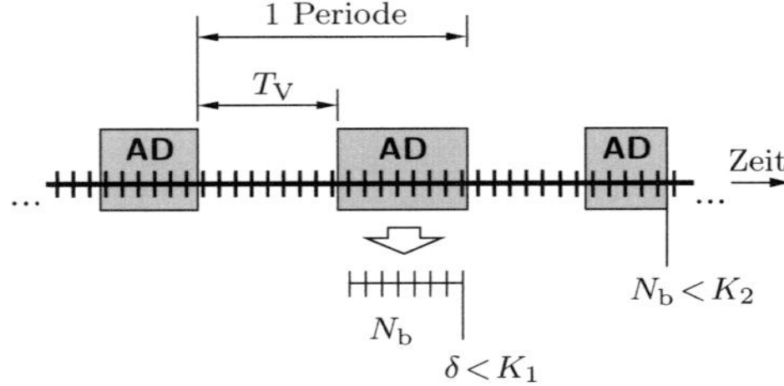

Abbildung 4.15.: Ablaufschema der modifizierten adaptiven Prozedur.

Mehrfache Adaption nach Mittelung

Die CPU-Kosten für die Lösung der MMPDE (3.7) für die hier vorliegende zweidimensionale Adaption betragen circa 40 % der Kosten für die einmalige Integration der physikalischen Transportgleichungen. Des Weiteren sind die Kosten für die einmalige Bildung der Monitorfunktion deutlich größer als jene der Lösung der MMPDE, da die zeitliche Mittelung notwendig ist. Dies bedeutet bei $N_A = 300$ werden die Bilanzgleichungen 300 Mal gelöst um anschließend ein Mal die Monitorfunktion zu bilden und zu adaptieren. Darauf begründet sich der Ansatz, aus der einmal bestimmten Monitorfunktion den größtmöglichen Gewinn zu ziehen. Deshalb erfolgen N_b Zeitschritte mit Adaption, bezeichnet mit AD in Abb. 4.15. Aus Gründen der numerischen Stabilität werden auch die LES-Gleichungen mit integriert, da sonst die Gesamtbewegung leicht ein Vielfaches der Zellabmessung betragen kann, was zur Divergenz der numerischen Lösers führen kann. Die Monitorfunktion ω wird dabei für die erste Adaption der jeweiligen Periode bestimmt und danach für die übrigen Adaptionen eingefroren.

Maß der Gitterbewegung

Die eingeführte mehrfache Adaption innerhalb einer Periode erfordert ein Maß für die vorhandene Stärke der Adaption. Das Ziel dabei ist es, diese zu beenden, wenn ein festgelegter Mindestwert nicht mehr erreicht wird. Ein Absolutwert ist dabei nicht sinnvoll, da dieser von der Anzahl der Gitterpunkte und der Ausdehnung des physikalischen Gebietes abhängen würde und eine Anpassung an den jeweiligen Testfall erfordert. Die Bewegung der Gitterpunkte in Relation zur Abmessung der Zelle ist auch aus numerischer Sicht wichtig, um die numerische Stabilität zu gewährleisten. In Abb. 4.16 ist der Ansatz für ein Kriterium, basierend auf der relativen Bewegung eines Mittelpunktes, skizziert.

Die Bewegung des Zellmittelpunktes wird dabei ins Verhältnis gesetzt zur Abmessung der Zelle zum Zeitpunkt t_n. Dabei wird analog zur Methode MI ein lokales Koordinatensystem mit den Vektoren $\mathbf{v}_i$ definiert zur Beschreibung der Ausdehnung der Zelle. Dabei ist hier zu beachten, dass im Gegensatz zur MI das Zelleckpunktgitter zur Bestimmung der Vektoren $\mathbf{v}_i$ Verwendung findet. Ein geeignetes Maß für die

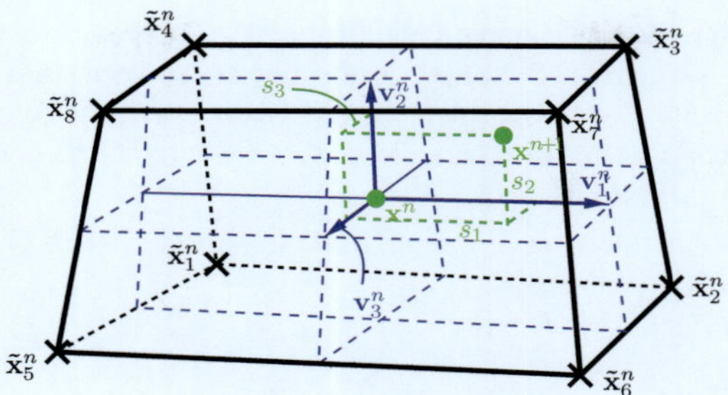

Abbildung 4.16.: Maß zur Messung der Gitterbewegung innerhalb eines Zeitschrittes.

Gitterbewegung ist mit

$$\delta = \max_{\Omega} \left(\frac{s_1}{2|\mathbf{v_1^n}|}; \frac{s_2}{2|\mathbf{v_2^n}|}; \frac{s_3}{2|\mathbf{v_3^n}|} \right), \tag{4.11}$$

gegeben. Dabei wird mit s_i die Bewegung des Gitters in der jeweiligen Richtung $\mathbf{v}_i$ charakterisiert, während mit $\mathbf{v}_i$ die Vektoren der Seitenhalbierenden bezeichnet sind. Die Bedingung $\delta < K_1$ liefert den gewünschten Schwellwert für die Bewegung des Gitters und damit das Maß, um zu beurteilen, ob das Gitter bereits ausreichend an die gegenwärtige Monitorfunktion angepasst ist. Zusätzlich wurde eine obere Grenze $N_{\mathrm{b,max}}$ integriert als maximale Anzahl möglicher Adaptionen in einem Block AD, um unendliche Wiederholungen zu vermeiden.

Ein zusätzlicher Vorteil ist die Möglichkeit, die Phase der Gitteranpassung nun auch vorzeitig zu beenden. Dies erfolgt genau dann, wenn eine Mindestanzahl von Adaptionen nach erfolgter Mittelung der Zielgröße nicht mehr benötigt wird, um das Kriterium K_1 zu unterschreiten. Dies lässt sich mittels $N_{\mathrm{b}} < K_2$ beschreiben, wobei hier $K_2 = 2$ gesetzt wird. Dies bedeutet, dass nach Aktualisierung der Monitorfunktion keine Adaption vonnöten ist, also das finale Gitter erreicht wurde und entsprechend die Phase der Gitteradaption damit endet.

Mittelungslänge zur Bestimmung der Zielgröße

Der größte Teil der CPU-Zeit wird für die Bestimmung der Mittelwerte der einzelnen Größen benötigt. Es ist daher von großem Interesse, diese Zeitspanne auf eine minimal notwendige zu begrenzen. Motivation für die Reduzierung sind dabei die unterschiedlichen Zeitskalen verschiedener Größen bei der Mittelung. Mittelwerte der Geschwindigkeiten benötigen dabei eine kürzere Zeit als Momente zweiter Ordnung (Fluktuationen), um einen ausreichend konvergierten Wert zur Bildung von ω zu generieren. Während der ersten Untersuchungen wurde die Länge der Mittelwertbildung anhand einer festen Anzahl von Zeitschritten definiert. Jedoch zeigte sich, dass im Verlauf der Adaption, mit Änderung der Zellabmessungen, auch der zugehörige Zeitschritt variiert, denn dieser wird auf Basis des Stabilitätskriteriums (2.14) bestimmt, in das auch die Gitterweite Δ eingeht. Erfolgt nun die Verfeinerung eines

Gebietes mit entsprechend kleineren Gitterweiten Δ in diesem Bereich, so sinkt auch die Größe des Zeitschrittes. Bleibt N_{A} unverändert, so kann dies Auswirkung auf die Güte des Mittelwertes haben. Aus diesem Grund wird im Folgenden die Länge der Mittelung auf Basis der Mittelungszeit T_{V} an Stelle der bisherigen Anzahl von Zeitschritten N_{V} angegeben.

Die Güte eines Mittelwertes $\langle\zeta\rangle$ einer zeitlich veränderlichen Größe $\zeta(\mathbf{x}, t)$ kann mit Hilfe des Konfidenzintervalls

$$\Delta\zeta = \frac{c\,\sigma}{\sqrt{N_{\mathrm{s}}}} \tag{4.12}$$

abgeschätzt werden. Dabei ist σ die Standardabweichung von ζ, c der Vertrauensbereich und N_{s} der Stichprobenumfang. Dieser setzt sich im vorliegenden Fall aus der Anzahl der Zeitschritte sowie der Anzahl der Ebenen in Spannweitenrichtung zusammen, da die Mittelung ebenfalls in dieser Richtung erfolgt. Analog zur Gitterbewegung ist auch hier ein absolutes Maß nicht von Interesse, da es abhängig wäre von der gewählten Größe. Ein relativer Wert kann mittels

$$\frac{\Delta\zeta}{\Delta\zeta_{\mathrm{ref}}} < K_3 \tag{4.13}$$

definiert werden. Der Referenzwert $\Delta\zeta_{\mathrm{ref}}$ wird mit Hilfe einer geringen Anzahl von Stichproben, entsprechend einer kleinen Anzahl von Zeitschritten, bestimmt. Mit dem Bilden des Verhältnisses (4.13) ist die Wahl des Vertrauensbereiches c nicht länger von Belang.

Zur Variierung der Länge T_{V} kann nun K_3 oder auch der Zeitpunkt zur Bestimmung von $\Delta\zeta_{\mathrm{ref}}$ verändert werden. In Vorstudien zeigte sich jedoch, dass eine kleine Änderung des Wertes für K_3 zu großen Änderungen von T_{V} führte, so dass K_3 fest für alle Simulationen eingestellt wurde. Unterschiedliche Mittelungslängen wurden über die Anzahl der Stichproben zur Bestimmung von $\Delta\zeta_{\mathrm{ref}}$ realisiert.

Im Rahmen der angestrebten Adaption ist nun von Interesse ob die beliebige Größe ζ stets nur dem Kriterium ψ entspricht oder ob es auch gerechtfertigt ist deren Mittelwert $\langle\zeta\rangle$ der Monitorfunktion ω gleichzusetzen, da diese schlussendlich in die MMPDE (3.7) eingeht. Um dies zu untersuchen wird ψ_{gu} als Kriterium der Adaption gewählt und

$$\zeta(x, y, z, t) = \sqrt{1 + \alpha\left(\frac{|\nabla\bar{u}|}{|\nabla\bar{u}|_{\max}}\right)^2} \tag{4.14}$$

lässt sich formulieren als Monitorfunktion, gebildet mit den Momentanwerten der Zielgröße, wobei ebenfalls die Mittelung (3.11) Anwendung findet. Dies lässt auf eine schnellere Konvergenz des Mittelwertes durch die Glättung hoffen. Die Bildung von $\langle\zeta\rangle(x, y)$ und der Standardabweichung σ erfolgt dann zur Beurteilung der Qualität der Mittelungslänge und endet, wenn das Kriterium (4.13) erfüllt ist. Aufgrund der Nichtlinearität der rechten Seite von (4.14) ist $\langle\zeta\rangle \neq \omega$ leicht ersichtlich. Jedoch wird die zeitliche Entwicklung beider Größen als sehr ähnlich eingeschätzt, so dass $\langle\zeta\rangle$ an Stelle von ω als gute Näherung Anwendung findet. Anschließend wird die Monitorfunktion der Adaption ω mit Hilfe der gemittelten Größe $\langle\bar{u}\rangle$ bestimmt.

Für die QoI $\psi_{\mathrm{P_k}}$ konnte dieses Vorgehen aus verschiedenen Gründen nicht angewendet werden. Zum einen ist es aus physikalischer Sicht nicht korrekt, die Produktion mit momentanen Werten zu bilden. Diese Zielgröße ist definiert mit Mittelwerten der turbulenten Strömung. Des Weiteren besteht die Zielgröße aus einer großen Summe von Produkten gemittelter Größen. Um deren Standardabweichung zu bestimmen, werden von den einzelnen Geschwindigkeitsgradienten sowie den Reynolds-Spannungen sowohl Mittelwert als auch σ benötigt. Diese werden entsprechend den zulässigen Rechenregeln kombiniert, siehe [26]. Aus diesem Grund muss für die Produktion der TKE als QoI $\langle\zeta\rangle = \psi$ gesetzt werden.

Zusammenfassend lässt sich feststellen, dass sich die Zahl der Parameter mit Einführung der modifizierten adaptiven Prozedur scheinbar deutlich erhöht hat. Drei dieser Parameter können jedoch unabhängig vom gewählten Testfall festgelegt werden: $K_2 = 2$, $K_3 = 0.1$, $N_{\mathrm{b,max}} = 100$. Damit verbleiben nur noch die zwei Parameter K_1 und die Anzahl von Stichproben zur Bestimmung von $\Delta\zeta_{\mathrm{ref}}$. Dies ist die gleiche Anzahl wie zuvor, als N_{A} und N_{V} festgelegt wurden, um die Länge der adaptiven Prozedur zu steuern. Die modifizierte Prozedur eröffnet jetzt mit der gleichen Anzahl von Parametern die Möglichkeit einer individuell an das Kriterium angepassten Adaptionslänge und somit die Möglichkeit, die notwendige CPU-Zeit zu reduzieren.

4.9. Ergebnisse der modifizierten Prozedur

Analog zum Abschnitt 4.7 werden auch hier nur die Ergebnisse der beiden am meisten versprechenden Kriterien gezeigt: ψ_{gu} und $\psi_{\mathrm{P_k}}$. Während das erste unabhängig von der LES-Methodik ist, ist das zweite ein LES-spezifisches Kriterium. Im vorigen Abschnitt wurde der Übergang von N_{V} auf eine Zeitspanne T_{V} für die Mittelung der QoI eingeführt. Als Vergleich für die Ergebnisse mit der modifizierten Prozedur dient daher im Folgenden eine Simulation mit $T_{\mathrm{V}} = 4.5$, einer halben DFZ entsprechend. Die übrigen Parameter wurden analog zu Abschnitt 4.4 gesetzt. Die Ergebnisse dieser Basissimulation (BL) sind in Abbildung 4.17 zu sehen und weichen erwartungsgemäß kaum von jenen mit $N_{\mathrm{V}} = 225$ (Abb. 4.9 und 4.10) ab.

Mehrfache Adaption mit Abbruchkriterium

Im Rahmen der Modifikation der Adaptionsprozedur werden zuerst Ergebnisse mit variablem Abbruchkriterium K_1 des adaptiven Blocks vorgestellt. Dabei ist $K_2 = 2$ das Kriterium zur Beendigung der adaptiven Phase. Für die folgenden Rechnungen wurde die Mittelungslänge mit $T_{\mathrm{V}} = 4.5$ fest eingestellt.

Die beiden Kriterien ψ_{gu} und $\psi_{\mathrm{P_k}}$ ergaben unterschiedliche Ergebnisse. Für ψ_{gu} sind Werte bis $K_1 = 0.005$ mit einer Reduktion der Anzahl an Perioden möglich. Dies entspricht einer relativen Bewegung von 0.5 % der Zellabmessung. Die Produktion der TKE $\psi_{\mathrm{P_k}}$ hingegen zeigte nur bei $K_1 = 0.05$ eine Reduktion der benötigten CPU-Zeit, während bereits bei $K_1 = 0.01$ alle 300 Perioden durchlaufen wurden, ohne dass $N_{\mathrm{b}} < K_2$ erreicht wurde. Dies zeigt eine deutlich schnellere Konvergenz der Gitterbewegung für ψ_{gu}, auch belegt mit dem Fakt, dass für $\psi_{\mathrm{P_k}}$ eine Gitterbewegung $\delta < 0.005$ für $N_{\mathrm{b}} < N_{\mathrm{b,max}}$ nicht erreicht wird.

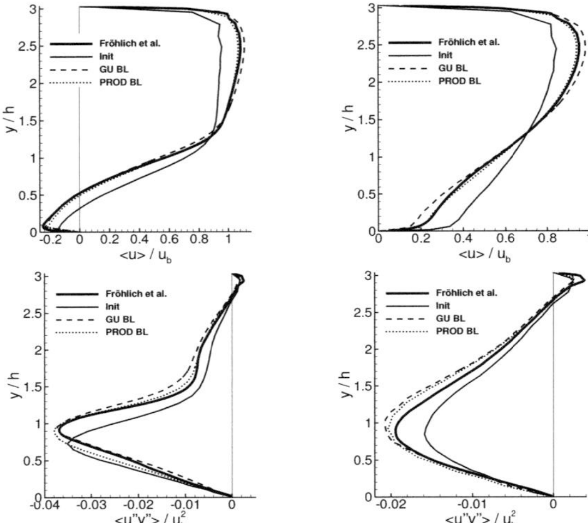

Abbildung 4.17.: Gemittelte Geschwindigkeit in Hauptströmungsrichtung $\langle \bar{u} \rangle$ und Reynolds-Schubspannung $\langle \bar{u}''\bar{v}'' \rangle$ an den Positionen $x/h = 2.0$ (links) und $x/h = 6.0$ (rechts) im Vergleich zur Referenz [28] und zur Lösung auf dem Anfangsgitter (Init). QoIs: ψ_{gu} (GU) und $\psi_{\mathrm{P_k}}$ (PROD) für die Basisprozedur BL mit fester Mittelungslänge $T_{\mathrm{V}} = 4.5$.

Die Ergebnisse der Simulationen mit Reduktion der Anzahl der Perioden N_{p} sind in Tabelle 4.4 zusammengetragen, wobei die gegenwärtig diskutierte Modifikation mit 'M1' bezeichnet wird.

Der Gewinn an CPU-Zeit, verglichen mit der BL, ist für beide Kriterien immens. Der Gradient der mittleren Geschwindigkeit in Hauptströmungsrichtung ψ_{gu} ermöglicht eine Reduktion der benötigten Zeit um zwei Größenordnungen, da für $K_1 = 0.05$ bereits in der vierten Periode das Kriterium $N_{\mathrm{b}} < K_2$ erfüllt wird. Erwartungsgemäß erhöht sich die Zahl der benötigten Perioden mit dem Absenken von K_1, was eine geringere detektierte Gitterbewegung erfordert. Auch für die Produktion der TKE $\psi_{\mathrm{P_k}}$ kann eine Einsparung um den Faktor 25 erreicht werden für $K_1 = 0.05$, da die Adaption bereits in der elften Periode endet.

Die finalen Gitter beider Zielgrößen zeigen dabei nahezu identische Verteilungen, verglichen mit der Ausgangsrechnung BL. Dies lässt großteils unveränderte Statistiken der Strömung erwarten. Dies wird bestätigt mit den auf den finalen Gittern bestimmten Ablöse- und Wiederanlegepunkten in Tabelle 4.4. Da die Produktion der TKE $\psi_{\mathrm{P_k}}$ ein LES-spezifisches Kriterium mit universellem Charakter ist, werden hier die zugehörigen Statistiken dieser Größe in Abbildung 4.18 gezeigt. Die Profile zeigen eine sehr gute Übereinstimmung mit denen der Basisprozedur. Für ψ_{gu} zeigen die Statistiken ebenfalls eine gute Übereinstimmung mit der Referenz BL.

Fall	QoI	K_1	T_V	N_p	$N_{b,tot}$	Anteil Ad. [%]	CPU-Zeit zur BL [%]	x_s/h	x_r/h
BL	ψ_{gu}	–	4.5	300	300	0.4	–	0.28	4.36
BL	ψ_{P_k}	–	4.5	300	300	0.3	–	0.31	4.13
M1	ψ_{gu}	0.05	4.5	4	71	5.4	1.6	0.27	4.35
M1	ψ_{gu}	0.01	4.5	24	293	3.5	10.5	0.28	4.39
M1	ψ_{gu}	0.005	4.5	206	1560	2.1	92.7	0.28	4.35
M1	ψ_{P_k}	0.05	4.5	11	135	3.2	4.0	0.30	4.08
M2	ψ_{gu}	0.01	1.4	41	618	15.1	5.0	0.27	4.40
M2	ψ_{gu}	0.01	4.1	13	303	11.5	4.0	0.26	4.40
M2	ψ_{gu}	0.01	7.7	28	448	8.2	16.1	0.27	4.27
M2	ψ_{P_k}	0.05	3.1	102	645	3.9	25.6	0.30	4.08
M2	ψ_{P_k}	0.05	4.5	28	255	4.0	9.4	0.30	4.08
M2	ψ_{P_k}	0.05	9.5	11	166	3.8	7.1	0.30	3.95
Ref	–	–		–	–	–	–	0.20	4.56
Init	–	–		–	–	–	–	0.53	3.08

Tabelle 4.4.: Ergebnisse der modifizierten adaptiven Prozedur: 'Ref' bezeichnet Daten aus [28], während 'Init' die LES auf dem Anfangsgitter bezeichnet. Größen: K_1 ist die relative Gitterbewegung, T_V die Mittelungslänge der QoI, N_p die Anzahl der ausgeführten Perioden mit insgesamt $N_{b,tot}$ Adaptionen. Prozentual sind die Anteile der Adaption an der gegenwärtigen Rechnung sowie der Anteil an CPU-Zeit im Vergleich zur zugehörigen BL-Simulation angegeben. Mit x_s/h und x_r/h sind die Ablöse- und Wiederanlegepunkte der Strömung bezeichnet.

Variable Mittelungslänge der Zielgröße

Eine variable Mittelungslänge wird erreicht durch eine Variation der Anzahl von Stichproben zur Bildung von $\Delta\zeta_{ref}$. Da die Güte eines Mittelwertes proportional zu $\sqrt{N_s}$ ist, erscheint ein Abgleich in jedem Zeitschritt nicht zielführend. Es wurde daher aller 0.5 Zeiteinheiten, dies entspricht grob 5 % einer DFZ, ein Abgleich mit dem Referenzwert durchgeführt. Speziell bei diesem Testfall ist zu berücksichtigen, dass N_s sowohl die Anzahl der Zeitschritte als auch die Anzahl der Ebenen in Spannweitenrichtung enthält, da über diese ebenfalls gemittelt wird.

Für Untersuchungen mit variabler Mittelungslänge wurde für ψ_{gu} $K_1 = 0.01$ und für ψ_{P_k} $K_1 = 0.05$ gewählt, da für die zweite Zielgröße ein kleinerer Wert nicht erreicht wurde. In Tabelle 4.4 sind für jeweils drei durchschnittlich erzielte Mittelungslängen die Ergebnisse mit dem Kürzel 'M2' zu sehen. Dabei ist jeweils die kleinste Mittelungslänge kürzer als die bisherige, eine ist vergleichbar und die längste Mittelung erfolgt über grob eine DFZ. Aus Gründen der Anschaulichkeit wird die Mittelungslänge T_V angegeben an Stelle der Anzahl von Stichproben zur Bildung von $\Delta\zeta_{ref}$. Für beide Kriterien ist die Interaktion zwischen T_V und der Anzahl an Perioden N_p deutlich zu erkennen.

Der Gradient der Geschwindigkeit in Hauptströmungsrichtung ψ_{gu} zeigt für $T_V = 1.4$ keinen Gewinn in der benötigten CPU-Zeit, verglichen mit $T_V = 4.1$. Die Einsparung

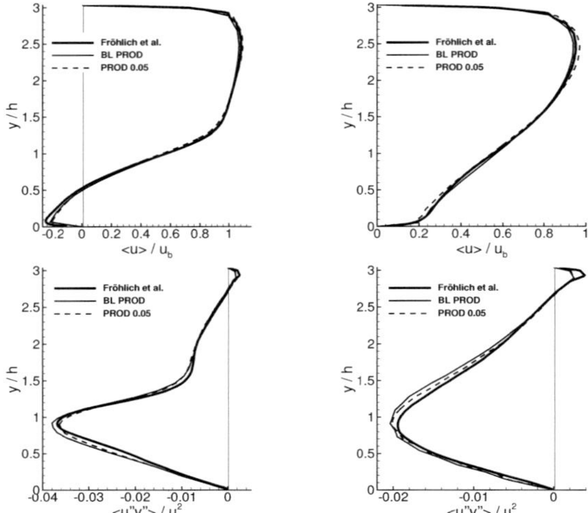

Abbildung 4.18.: Gemittelte Geschwindigkeit in Hauptströmungsrichtung $\langle \bar{u} \rangle$ und Reynolds-Schubspannung $\langle \bar{u}''\bar{v}'' \rangle$ an den Positionen $x/h = 2.0$ (links) und $x/h = 6.0$ (rechts) im Vergleich zur Referenz [28] und zur Lösung der Basisprozedur (BL) für $\psi_{\mathrm{P_k}}$ (PROD) mit Modifikation der adaptiven Prozedur mit fester Mittelungslänge $T_{\mathrm{V}} = 4.5$ und $K_1 = 0.05$.

in der kürzeren Mittelungslänge wird kompensiert durch eine höhere Anzahl von Perioden N_{p} bei $T_{\mathrm{V}} = 4.1$. Der Grund dafür ist die stärker schwankende Monitorfunktion aufgrund der nicht ausreichenden Anzahl von Stichproben zur Bildung des Mittelwertes. Beide Rechnungen zeigen eine Einsparung gegenüber der Simulation mit fester Mittelungslänge M1. Eine ähnliche Anzahl von Zyklen aus Mittelung und Adaption N_{p} konnte für $T_{\mathrm{V}} = 7.7$ bestimmt werden. Durch die längere Mittelungsdauer ergab sich erwartungsgemäß eine Verlängerung der adaptiven Phase, verglichen mit M1. Es ist aber noch immer eine Verkürzung der CPU-Zeit um den Faktor 5, verglichen mit der BL, vorhanden.

Die Produktion der TKE $\psi_{\mathrm{P_k}}$ beinhaltet alle Reynolds-Spannungen sowie den kompletten Geschwindigkeitsgradientensor, daher muss, wie bereits in Abschnitt 4.8 beschrieben, $\langle \zeta \rangle = \psi_{\mathrm{P_k}}$ zur Bildung des Mittelwertes gewählt werden. Außerdem wird erwartet, dass die notwendige Mittelungslänge aufgrund der Komplexität des Kriteriums merklich länger ist als bei ψ_{gu}. Dies bestätigt sich, da die kürzestmögliche Mittelungslänge zu keiner Reduktion der Anzahl der Perioden N_{p} führte, da alle 300 Perioden durchlaufen wurden. Grund hierfür ist wieder die zu stark räumlich fluktuierende Monitorfunktion in den einzelnen adaptiven Blöcken. In Tabelle 4.4 sind die Ergebnisse für $T_{\mathrm{V}} = 3.1$, 4.5, 9.6 zu sehen, wobei Erstere die kürzestmögliche Mittelungsspanne darstellt, bei der eine Reduktion von N_{p} festgestellt wurde. Die Einsparung von CPU-Zeit bei längerer Mittelung ist hier deutlich sichtbar. Vergleicht man die Ergebnisse für $T_{\mathrm{V}} = 4.5$ mit M1, zeigt sich eine Verdopplung der CPU-Zeit.

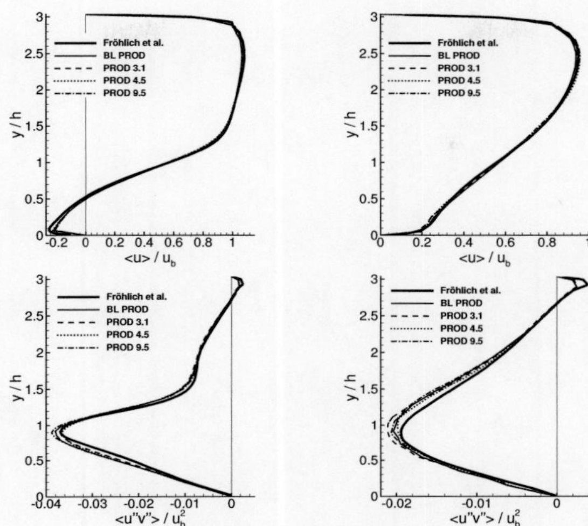

Abbildung 4.19.: Mittlere Geschwindigkeitsgrößen an den Positionen $x/h = 2.0$ und $x/h = 6.0$ auf den finalen Gittern der modifizierten adaptiven Prozedur mittels $\psi_{\mathrm{P_k}}$ (PROD) als QoI. Abbruchkriterium $K_1 = 0.05$, kombiniert mit der variablen Mittelungslänge $T_{\mathrm{V}} = 3.1,\ 4.5,\ 9.6$.

Eine genauere Betrachtung der einzelnen adaptiven Blöcke zeigt allerdings, dass bereits in vier Perioden während der Adaption das Gitterkriterium in der zweiten Adaption erreicht wurde. Dies spiegelt eine nahezu saturierte Adaption wider. In der elften Periode traf dies zum ersten Mal zu, was sich mit den Ergebnissen der M1-Rechnung deckt.

Die final generierten Gitter zeigen nur geringe Abweichungen von der BL. Die daraus folgenden mittleren Strömungsgrößen belegen dies. Die in Tabelle 4.4 angegebenen Ablöse- und Wiederanlegepunkte sind nahe der jeweiligen BL-Referenz. Die Profile der mittleren Strömungsgeschwindigkeit $\langle \bar{u} \rangle$ sowie der Scherspannung $\langle \bar{u}'' \bar{v}'' \rangle$ für $\psi_{\mathrm{P_k}}$ sind in Abbildung 4.19 zu sehen. Nur für die längste Mittelungsdauer sind kleinere Abweichungen zu erkennen, während die übrigen nahe an der BL-Referenz sind.

Zusammenfassend lässt sich für das LES-spezifische Kriterium $\psi_{\mathrm{P_k}}$ mit $K_1 = 0.05$ und $T_{\mathrm{V}} = 4.5$ eine gut geeignete Parameterkombination angeben. Unter Nutzung der modifizierten adaptiven Prozedur lässt sich die CPU-Zeit der Anpassungsphase des Gitters um den Faktor 10 gegenüber der Basisprozedur reduzieren.

5. Krümmungsinduzierte Gitterbewegung

Im Zuge der Vorbereitung instationärer Adaption in gekrümmten Geometrien traten unerwartete Schwierigkeiten hervor. Unabhängig vom eingesetzten Kriterium wird eine starke, ungewollte Gitterbewegung beobachtet, welche die Stabilität des numerischen Lösers der Erhaltungsgleichungen gefährdet. Das vorliegende Kapitel beschäftigt sich mit der Ursachensuche und mit verschiedenen Lösungsansätzen dieser Problematik. Die dargestellten Inhalte entstanden in Zusammenarbeit mit Joppa [52] und Krull [54] und wurden in Hertel et al. [35] teilweise vorgestellt.

5.1. Problematik

5.1.1. Krümmungsinduzierte Bewegung der Gitterpunkte

Die Anwendung der MMPDE lässt nur bis zu einem gewissen Grad die Anpassung des Gitters an die vorgegebene Monitorfunktion $\boldsymbol{G}$ zu. Danach stellt sich ein stationärer Zustand ein. Grund dafür ist der konvektiv-diffusive Charakter der MMPDE

$$\tau \frac{\partial \mathbf{x}}{\partial t} = P \left[\underbrace{\sum_{i,j} \left(\mathbf{a}^i \cdot \boldsymbol{G}^{-1} \cdot \mathbf{a}^j \right) \frac{\partial^2 \mathbf{x}}{\partial \xi_i \partial \xi_j}}_{I} - \underbrace{\sum_{i,j} \left(\mathbf{a}^i \cdot \frac{\partial \boldsymbol{G}^{-1}}{\partial \xi_j} \cdot \mathbf{a}^j \right) \frac{\partial \mathbf{x}}{\partial \xi_i}}_{II} \right] . \tag{5.1}$$

Dabei bezeichnen die Terme I und II diffusive und konvektive Anteile. Das *stationäre Gitter* zu einer gegebenen Monitorfunktion stellt sich ein, wenn sich beide Anteile kompensieren, so dass die zeitliche Änderung der Gitterpositionen verschwindet.

Das sich einstellende ungestörte Gitter im Falle einer vom gewählten Kriterium unabhängigen Monitorfunktion wird im Folgenden als *ungestörtes Gitter*, angezeigt durch den Index $(\cdot)_\mathrm{u}$, bezeichnet. Dies ist beispielsweise der Fall, wenn die Zielgröße konstant ist im Raum.

Zur Unterscheidung, wann ein Gitter *gekrümmt* ist, wird dessen Funktionaldeterminante J im Fall des ungestörten Gitters genutzt. Ist diese vom Ort abhängig, so wird das zugehörige Gitter als gekrümmt bezeichnet.

Für beide Arten von Gittern (gekrümmt und ungekrümmt) ist nun von Interesse, welches stationäre Gitter sich im ungestörten Zustand einstellt. Dazu wird eine konstante Monitorfunktion $\boldsymbol{G}$ angenommen, was zur Elimination von Term II in (5.1) führt. Auch die Zeitableitung ist null, da keine zeitliche Änderung des Gitters gefordert ist. Damit muss der Diffusionsterm I ebenfalls verschwinden.

Kartesisches, ungekrümmtes Gitter. Aus (5.1) resultiert für das ungestörte Gitter

$$\sum_{i=1}^{3} \frac{\partial^2 \mathbf{x}}{\partial \xi_i^2} = 0\,. \tag{5.2}$$

Dabei kann in diesem Fall eine Entkopplung der einzelnen Koordinatenrichtungen vorausgesetzt werden: $x = x(\xi_1)$, $y = y(\xi_2)$ und $z = z(\xi_3)$. Für die Koordinate x folgt damit aus (5.2), dass alle Terme, die eine Ableitung nach ξ_2 oder ξ_3 enthalten, entfallen, da x davon nicht abhängt. Anschaulich bedeutet dies für die verwendeten zentralen Differenzen:

$$\frac{\partial^2 \mathbf{x}}{\partial \xi_1^2} \approx \frac{x_{i+1} - 2\,x_i + x_{i-1}}{\Delta \xi_1^2} = \frac{\Delta x_{i+1} - \Delta x_i}{\Delta \xi_1^2} \stackrel{!}{=} 0\,. \tag{5.3}$$

Dies bedeutet $\Delta x_{i+1} = \Delta x_i$ und damit gleiche Zellgrößen, was einem äquidistanten Gitter in der Richtung entspricht. Beispielhaft ist dies für ein beliebiges kartesisches, ungekrümmtes Gitter mit dem sich einstellenden stationären Gitter im ungestörten Zustand in Abbildung 5.1 dargestellt.

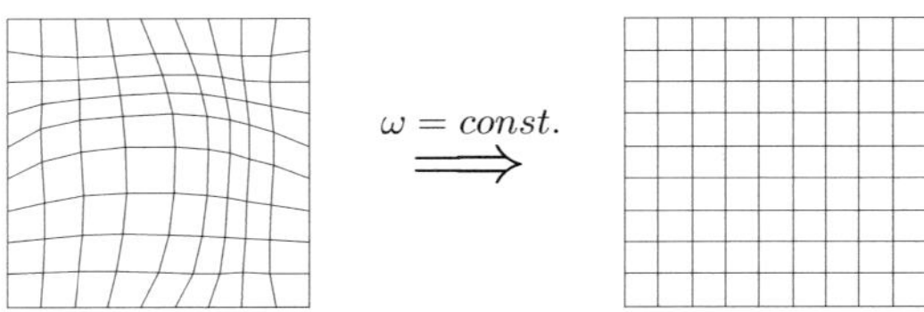

Abbildung 5.1.: Veranschaulichung der Wirkungsweise der MMPDE (3.7) bei Anwendung im ungestörten Fall ($\omega = \omega_\mathrm{u} = const.$) auf ein beliebiges kartesisches Gitter (links) und dem entstehenden stationären Gitter (rechts) .

Es sei nochmals darauf hingewiesen, dass sich die Bezeichnung *ungekrümmtes Gitter* ableitet vom stationären Gitter im ungestörten Zustand, Abb. 5.1 (rechts), bei dem die Funktionaldeterminante nicht vom Ort abhängt.

Gekrümmtes Gitter. Auch für gekrümmte Gitter stellt sich im ungestörten Zustand $\omega = \omega_\mathrm{u} = const.$ ein stationäres Gitter ein. Jedoch konnte keine Gleichverteilung in einem Teil der Koordinatenrichtungen beobachtet werden. Für ein polares Gitter sind ein stochastisch manipuliertes Gitter und das stationäre Gitter in Abbildung 5.2 dargestellt. In Umfangsrichtung kann eine Gleichverteilung beobachtet werden, während sich in radialer Richtung eine deutliche Verdichtung nahe dem Innenradius einstellt.

Die Problematik einer entstehenden ungleichmäßigen Verteilung der Punkte im Falle eines ungestörten Zustandes auf gekrümmten Gittern durch die MMPDE ist das zentrale Thema diese Kapitels und wird im Folgenden näher untersucht.

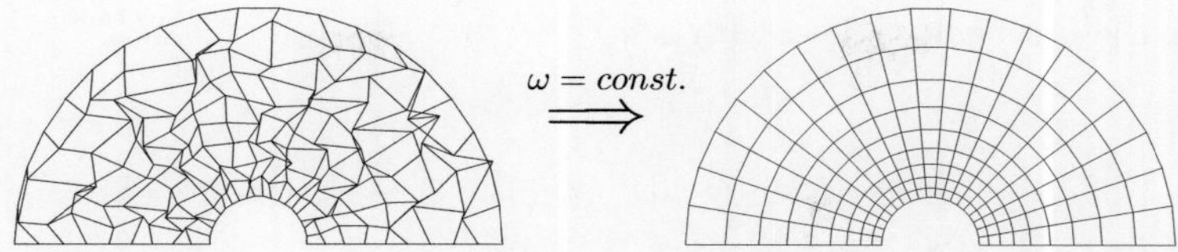

Abbildung 5.2.: Veranschaulichung der Wirkungsweise der MMPDE (3.7) bei Anwendung im ungestörten Fall ($\omega = \omega_\mathrm{u} = const.$) auf ein stochastisch manipuliertes, polares Gitter (links) und dem entstehenden stationären Gitter (rechts) .

5.1.2. Spezialfall Polarkoordinaten

Polaren Gittern wird an dieser Stelle besondere Aufmerksamkeit geschenkt, da sie im folgenden Kapitel 6 Anwendung finden. In Abbildung 5.2 ist das finale Gitter im stationären ungestörten Zustand zu sehen. Ziel dieses Abschnittes ist es zu klären, aus welchem Grund sich dieses Gitter ergibt.

Ausgangspunkt ist die MMPDE (3.7), in welcher bereits die Vereinfachung einer richtungsunabhängigen, skalaren Monitorfunktion ω eingearbeitet ist. Für die Analyse des polaren Gitters bietet sich der Übergang auf Polarkoordinaten an: $(x, y) = (x_0 + r\cos\varphi, y_0 + r\sin\varphi)$. Für den in Abbildung 5.2 dargestellten Fall kann die Entkopplung der Adaptionsrichtungen vorausgesetzt werden: $r = r(\xi_1)$, $\varphi = \varphi(\xi_2)$.

Für das stationäre Gitter ergibt sich damit aus (3.7) für die r- und φ-Richtung:

$$\frac{1}{\omega}\frac{\partial\omega}{\partial r} = -\frac{\partial^2 r}{\partial\xi_1^2}\left(\frac{\partial r}{\partial\xi_1}\right)^{-2} + \frac{1}{r}, \tag{5.4}$$

$$\frac{1}{\omega}\frac{\partial\omega}{\partial\varphi} = -\frac{\partial^2 \varphi}{\partial\xi_2^2}\left(\frac{\partial \varphi}{\partial\xi_2}\right)^{-2}. \tag{5.5}$$

Da im Folgenden das ungestörte Gitter ($\omega = \omega_\mathrm{u} = const.$) von Interesse ist, entfällt die linke Seite von (5.4) und (5.5). Für die Umfangsrichtung ergibt sich damit in Analogie zu (5.3) aus (5.5) eine äquidistante Verteilung. Dies wird in Abbildung 5.2 belegt.

Für die radiale Richtung folgt für die zweite Ableitung des Gitters

$$\frac{\partial^2 r}{\partial\xi_1^2} = \frac{1}{r}\left(\frac{\partial r}{\partial\xi_1}\right)^2 \neq 0, \tag{5.6}$$

welche ungleich null ist, also keiner Gleichverteilung in dieser Richtung entspricht, wie bereits in Abbildung 5.2 beobachtet. Um das sich einstellende Gitter zu bestimmen, muss die Differentialgleichung (5.6) gelöst werden. Dies erfolgt über den Ansatz $\partial r/\partial\xi_1 = r'$, der eingesetzt in (5.6)

$$\frac{r''}{r'} = \frac{r'}{r} \tag{5.7}$$

ergibt. Die Lösung dieser Gleichung ist

$$r(\xi_1) \;=\; C_2\, e^{C_1\,\xi_1}\,, \tag{5.8}$$

mit den Integrationskonstanten C_1 und C_2, die mit geeigneten Randbedingungen bestimmt werden müssen. Die Referenzkoordinate ξ_1 ist dabei aus dem Bereich $\xi_1 \in [0, N_1]$ wodurch sich als Randbedingungen $r(0) = r_0$ und $r(N_1) = r_{\mathrm{N}_1}$ ergeben. Eingesetzt in (5.8) ergibt sich folgender Verlauf des Radius

$$r(\xi_1) \;=\; r_0 \left(\frac{r_{\mathrm{N}_1}}{r_0}\right)^{\frac{\xi_1}{N_1}}\,. \tag{5.9}$$

Dieser Verlauf hängt von den beiden Radien r_0, r_{N_1} sowie von der Anzahl der Punkte N_1 ab. Ein besseres Verständnis des Verlaufs zeigt sich, wenn das Verhältnis benachbarter Zellen betrachtet wird

$$\frac{\Delta r_{i+1}}{\Delta r_i} \;=\; \frac{r_{i+2} - r_{i+1}}{r_{i+1} - r_i} \;=\; \sqrt[N_1]{\frac{r_{\mathrm{N}_1}}{r_0}} \;=\; const. \tag{5.10}$$

Es handelt sich damit um eine geometrische Verteilung mit einem konstanten Zellwachstum, passend zum dargestellten Gitter in Abb. 5.2 (rechts).

5.2. Ursache

Im vorigen Abschnitt konnte das stationäre Gitter im ungestörten Fall beschrieben werden. Zu klären bleibt aber die Ursache dieses nicht-äquidistanten Gitters in radialer Richtung. Diese liegt in der Konstruktion des Funktionals

$$\mathcal{I}(\boldsymbol{\xi}) \;=\; \frac{1}{2}\int \sum_{i=1}^{3} (\nabla\xi_i)^T\, \boldsymbol{G}^{-1}\nabla\xi_i \,\mathrm{d}\Omega_x \tag{5.11}$$

selbst. Es ist nicht für die Behandlung von gekrümmten Geometrien geeignet. Die Volumina $\mathrm{d}\Omega_x$ sind im Vergleich zum Rechengitter verzerrt, was durch (5.11) nicht berücksichtigt wird und damit zu einem unerwarteten Verhalten führt.

Das Grundprinzip lässt sich, wie bereits in Abschnitt 3.1 dargestellt, folgendermaßen formulieren: Es wird die Summe der quadrierten und gewichteten Zellabmessungen gebildet. Dieser Ausdruck wird anschließend minimiert. Problematisch ist dabei die Multiplikation mit $\mathrm{d}\Omega_x$ im Falle gekrümmter Gitter, da dies zu einer unbeabsichtigten Wichtung führt.

Zur Erläuterung wird der Zusammenhang

$$\mathrm{d}\Omega_x \;=\; J\,\mathrm{d}\Omega_\xi \quad \text{mit} \quad J \;=\; \left|\det\left(\frac{\partial x_i}{\partial \xi_j}\right)\right| \tag{5.12}$$

zwischen beiden Volumina mit Hilfe der Determinanten der Jacobimatrix J hinzugezogen. Die Vergleichmäßigung bei ungestörtem Zustand erfolgt im Rechenraum, in dem $\mathrm{d}\Omega_\xi$ relevant ist. Im Falle eines äquidistanten Gitters entspricht $\mathrm{d}\Omega_\xi$ einem Einheitsvolumen. Liegt aber ein gekrümmtes Gitter vor, so ist $J = J(\boldsymbol{\xi})$ und damit ortsabhängig. Aus Sicht des Referenzsystems variiert daher $d\Omega_x$ im Ort. Die Multiplikation mit $d\Omega_x$ entspricht daher einer Wichtung mit dem örtlich variierenden Faktor $J^{-1}(\boldsymbol{\xi})$. Dies hat zur Folge, dass auch dann, wenn $\boldsymbol{G}^{-1}$ konstant ist, eine lokale Wichtung erfolgt, abhängig einzig von der Deformation der Zellen, so dass keine Gleichverteilung angestrebt wird.

Für den zuvor besprochenen Sonderfall der Polarkoordinaten entspricht dies einer Wichtung mit dem Faktor $1/r$ für jede Zelle im ungestörten Zustand.

5.3. Lösungsansätze zur Kompensation der Krümmung

5.3.1. Mögliche Adaptionsziele

Für die weitere Anwendung der MMPDE (3.6) in gekrümmten Geometrien muss das angestrebte stationäre Gitter im ungestörten Zustand korrigiert werden. Dabei sind verschiedene Zielzustände möglich:

Äquidistanz: Dies bedeutet eine Gleichverteilung der Punkte in jeder Koordinatenrichtung. Dabei geht die Anfangsverteilung verloren und die Krümmung wird kompensiert.

Anfangsverteilung: Das Gitter am Beginn der Adaption fungiert als Referenz und soll im ungestörten Zustand wiederhergestellt bzw. rekonstruiert werden. Die Krümmung wird dabei indirekt kompensiert.

Wunschverteilung: Es wird in einer oder in mehreren Koordinatenrichtungen eine analytisch bekannte Verteilung angestrebt, wobei das Anfangsgitter verloren geht und eine indirekte Kompensation der Krümmung erfolgt.

Jedes der genannten Ziele hat bevorzugte Einsatzgebiete. So ist beispielsweise der Zielzustand Äquidistanz von Vorteil bei unbekannten Strömungsverhältnissen. Die beiden übrigen Ziele sind hingegen gut geeignet, wenn sensible Regionen a priori bekannt sind. Eine solche Konzentration von Gitterpunkten war bisher nur über eine geeignete Wahl des Adaptionskriteriums möglich.

Die nachfolgend skizzierten Lösungsansätze können eines oder mehrere der genannten Ziele realisieren.

5.3.2. Verallgemeinerung des Funktionals

Die Ursache der krümmungsinduzierten Gitterbewegung liegt in der Konstruktion des Funktionals selbst. Der hier vorgestellte Ansatz versucht die Erweiterung von (5.11) auf beliebig gekrümmte Geometrien. Eine Änderung des Funktionals hat jedoch weitreichende Folgen. Die Adaptionsgleichung folgt aus dessen Minimierung und ändert sich damit entsprechend. Jedoch ist eine strukturelle Änderung der Evolutionsgleichung unerwünscht, da sich ein aufwändiger Implementierungsprozess anschließen würde. Ziel ist es daher, dass die bisherige grundlegende Form der Adaptionsgleichung zur Minimierung des neuen Funktionals erhalten bleibt und nur kleine Änderungen zu berücksichtigen sind. Als weitere Anforderung sollte das bisherige Funktional als Sonderfall enthalten bleiben, so dass im Falle ungekrümmter Gitter wieder die bisherige Formulierung resultiert.

Als Verallgemeinerung der im Abschnitt 5.2 erläuterten Ursache ergibt sich

$$\begin{aligned}\mathring{\mathcal{I}}(\boldsymbol{\xi}) &= \frac{1}{2}\int\sum_{i=1}^{3}(\nabla\xi_i)^T\boldsymbol{G}^{-1}\nabla\xi_i\,\mathrm{d}\Omega_\xi \\ &= \frac{1}{2}\int\sum_{i=1}^{3}(\nabla\xi_i)^T\boldsymbol{G}^{-1}\nabla\xi_i\,J^{-1}\,\mathrm{d}\Omega_x \quad \text{mit} \quad J^{-1} = \left|\det\left(\frac{\partial\xi_j}{\partial x_k}\right)\right|. \end{aligned} \tag{5.13}$$

Dabei wird das Funktional $\mathring{\mathcal{I}}$ mit dem Einheitsvolumen $\mathrm{d}\Omega_\xi$ an Stelle von $\mathrm{d}\Omega_x$ gebildet. Beide hängen über die Jacobideterminante mittels $\mathrm{d}\Omega_\xi = J^{-1}\mathrm{d}\Omega_x$ zusammen. Dieser Schritt kompensiert die krümmungsinduzierte Zellwichtung. Im Falle eines ungekrümmten Gitters wird $J = const.$ und hat damit keinen Einfluss mehr auf die Minimierung, wodurch (5.13) übergeht in (3.1).

Zu klären bleibt dabei, wie die Evolutionsgleichung aussieht, die das Funktional (5.13) minimiert. Konkret bedeutet dies, dass der hinzugenommene Term J^{-1} bei der Minimierung berücksichtigt werden muss, da er von den Ableitungen der gesuchten Funktionen abhängt.

Dies wurde in Krull [54] begonnen, ist gegenwärtig jedoch noch nicht vollständig abgeschlossen. Die sich ergebende neue Adaptionsgleichung ist formell sehr ähnlich der bisherigen (3.6). Lediglich die folgende Ersetzung ist notwendig

$$\mathring{\boldsymbol{G}}^{-1} = J^{-1}\boldsymbol{G}^{-1}, \tag{5.14}$$

woraus die verallgemeinerte MMPDE

$$\tau\frac{\partial\mathbf{x}}{\partial t} = P\left[\sum_{i,j}\left(\mathbf{a}^i\cdot\mathring{\boldsymbol{G}}^{-1}\mathbf{a}^j\right)\frac{\partial^2\mathbf{x}}{\partial\xi_i\partial\xi_j} - \sum_{i,j}\left(\mathbf{a}^i\cdot\frac{\partial\mathring{\boldsymbol{G}}^{-1}}{\partial\xi_j}\mathbf{a}^j\right)\frac{\partial\mathbf{x}}{\partial\xi_i}\right] \tag{5.15}$$

folgt.

Erste Untersuchungen der verallgemeinerten MMPDE (5.15) zeigen überzeugende Ergebnisse. In Abbildung 5.3 sind die beiden stationären Gitter im ungestörten Zustand einer spiralförmigen Geometrie dargestellt. Während die linke Abbildung mit Hilfe der originalen MMPDE (3.6) gewonnen wurde, entstand das rechte Gitter durch (5.15). Die erzielte Gleichverteilung der Gitterpunkte in den jeweiligen Koordinatenrichtungen ist deutlich zu erkennen.

5.3.3. Ungekrümmtes Referenzgebiet

Um die krümmungsinduzierte Punktbewegung zu vermeiden, wird im Folgenden der Ansatz basierend auf der Einführung eines Referenzkoordinatensystem $\mathbf{q}$ diskutiert. Die MMPDE (3.6) wird in diesem System für $\mathbf{q}$ gelöst und das physikalische Gitter anschließend mit dem Zusammenhang

$$\frac{\partial x_l}{\partial t} = \frac{\partial x_l}{\partial q_k}\frac{\partial q_k}{\partial t} \tag{5.16}$$

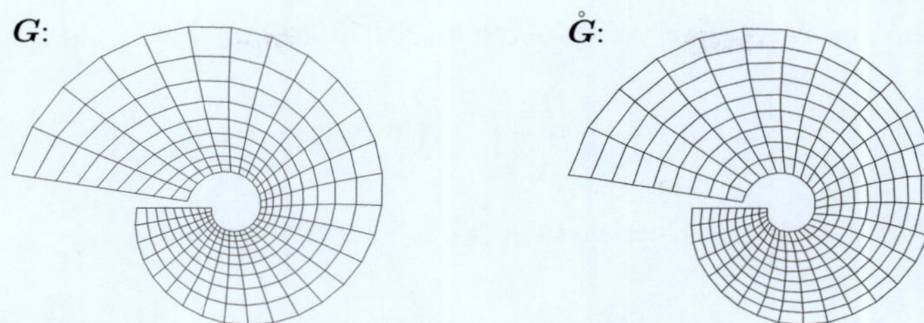

Abbildung 5.3.: Vergleich der stationären Gitter im ungestörten Zustand: mit MMPDE (3.6) (links), mit der verallgemeinerten MMPDE (5.15) (rechts). Die Randpunkte wurden in beiden Fällen äquidistant vorgegeben.

ermittelt. Das Referenzsystem wird dabei äquidistant zur Zeit $t = t_0$ initialisiert und hängt mit dem entsprechenden physikalischen Gitter $\mathbf{x}$ zur Zeit $t = t_0$ zusammen. Der Vorteil dieses Ansatzes ist es, dass im ungestörten Fall wieder das Ausgangsgitter rekonstruiert wird. Die Nachteile dieser Methode sind jedoch zum einen die nicht gesicherte Handhabung der Monitorfunktion im Koordinatensystem $\mathbf{q}$, da sie im physikalischen System $\mathbf{x}$ gebildet wird. Des weiteren werden die Gitterpositionen an den diskreten Stellen (i, j, k) sowohl durch die $\mathbf{q}_{i,j,k}$ als auch durch die physikalischen Koordinaten $\mathbf{x}_{i,j,k}$ doppelt repräsentiert.

Aufgrund der komplexen topologischen Änderungen und der fraglichen Punkte wird diese Methode im Folgenden nicht weiter eingesetzt.

5.3.4. Überlagerung der Monitorfunktion

Einen weiteren Ansatz bietet die Möglichkeit der Überlagerung der Monitorfunktion $\boldsymbol{G}$ mit einer geometrisch motivierten Funktion, welche die Sicherstellung gewünschter Eigenschaften des Gitters als Aufgabe hat. Die Überlagerung selbst kann additiv oder multiplikativ erfolgen

$$\widetilde{\boldsymbol{G}} = \boldsymbol{G} + \boldsymbol{G}_A \qquad \text{Additive Überlagerung,} \tag{5.17}$$

$$\widetilde{\boldsymbol{G}} = \boldsymbol{G}\,\boldsymbol{G}_{\mathrm{M}} \qquad \text{Multiplikative Überlagerung.} \tag{5.18}$$

Anschließend wird $\widetilde{\boldsymbol{G}}$ als Monitorfunktion in der MMPDE (3.6) verwendet. Die Ziele dieser Überlagerung können dabei vielfältig sein. Sie bietet die Möglichkeit, die krümmungsbedingte Gitterbewegung zu kompensieren, so dass nur das nutzerspezifische Kriterium eine Adaption bewirkt. Des Weiteren bietet die Überlagerung auch die Möglichkeit der Rekonstruktion des Ausgangsgitters im ungestörten Fall oder das Anstreben einer gewünschten Verteilung der Gitterpunkte im Zusammenspiel mit einer zugehörigen Verteilung der Monitorfunktion.

Als Frage stellt sich nunmehr, welche der beiden Varianten (5.17) und (5.18) vorzuziehen ist. Dazu erfolgt der Übergang auf eine skalare, richtungsunabhängige

Monitorfunktion $\widetilde{\boldsymbol{G}} = \widetilde{\omega}\mathbf{I}$, so dass sich die MMPDE (3.7) in

$$\frac{\tau}{P}\frac{\partial \mathbf{x}}{\partial t} = \sum_{i,j}\left[\left(\mathbf{a}^i \cdot \mathbf{a}^j\right)\frac{\partial^2 \mathbf{x}}{\partial \xi_i \partial \xi_j}\left(\frac{1}{\widetilde{\omega}}\right) + \left(\mathbf{a}^i \cdot \mathbf{a}^j\right)\frac{\partial \mathbf{x}}{\partial \xi_i}\left(\frac{1}{\widetilde{\omega}^2}\frac{\partial \widetilde{\omega}}{\partial \xi_j}\right)\right] \tag{5.19}$$

wandelt. Für die additive Überlagerung $\widetilde{\omega} = \omega + \omega_{\mathrm{A}}$ ergibt sich

$$\frac{\tau}{P}\frac{\partial \mathbf{x}}{\partial t} = \sum_{i,j}\left[\left(\mathbf{a}^i \cdot \mathbf{a}^j\right)\frac{\partial^2 \mathbf{x}}{\partial \xi_i \partial \xi_j}\left(\frac{1}{\omega + \omega_{\mathrm{A}}}\right) + \left(\mathbf{a}^i \cdot \mathbf{a}^j\right)\frac{\partial \mathbf{x}}{\partial \xi_i}\left(\frac{1}{(\omega + \omega_{\mathrm{A}})^2}\frac{\partial(\omega + \omega_{\mathrm{A}})}{\partial \xi_j}\right)\right]. \tag{5.20}$$

Von besonderem Interesse ist nun der Fall einer konstanten geometrischen Monitorfunktion $\omega_{\mathrm{A}} = const$, was den Fall eines ungekrümmten Gitters widerspiegelt. Wünschenswert ist dabei, dass hieraus die ursprüngliche Formulierung resultiert. Die Vereinfachung von (5.20) liefert jedoch

$$\frac{\tau}{P}\frac{\partial \mathbf{x}}{\partial t} = \sum_{i,j}\left[\left(\mathbf{a}^i \cdot \mathbf{a}^j\right)\frac{\partial^2 \mathbf{x}}{\partial \xi_i \partial \xi_j}\left(\frac{1}{\omega + \omega_{\mathrm{A}}}\right) + \left(\mathbf{a}^i \cdot \mathbf{a}^j\right)\frac{\partial \mathbf{x}}{\partial \xi_i}\left(\frac{1}{(\omega + \omega_{\mathrm{A}})^2}\frac{\partial \omega}{\partial \xi_j}\right)\right]. \tag{5.21}$$

Dies zeigt, dass die stationäre Lösung immer noch vom konstanten Anteil ω_{A} abhängt, wobei es als besonders ungünstig zu werten ist, dass beide Terme der rechten Seite durch ω_{A} unterschiedlich gewichtet werden. Der Ansatz der additiven Überlagerung kann daher für einen allgemeinen Einsatz nicht empfohlen werden.

Der multiplikative Grundgedanke: $\widetilde{\omega} = \omega\omega_{\mathrm{M}}$, eingesetzt in (5.19), ergibt

$$\frac{\tau}{P}\frac{\partial \mathbf{x}}{\partial t} = \sum_{i,j}\left[\left(\mathbf{a}^i \cdot \mathbf{a}^j\right)\frac{\partial^2 \mathbf{x}}{\partial \xi_i \partial \xi_j}\left(\frac{1}{\omega\omega_{\mathrm{M}}}\right) + \left(\mathbf{a}^i \cdot \mathbf{a}^j\right)\frac{\partial \mathbf{x}}{\partial \xi_i}\left(\frac{1}{(\omega\omega_{\mathrm{M}})^2}\frac{\partial(\omega\omega_{\mathrm{M}})}{\partial \xi_j}\right)\right]. \tag{5.22}$$

Für den Fall der Konstanz von ω_{M} folgt eine Entkopplung der beiden Anteile

$$\omega_{\mathrm{M}}\frac{\tau}{P}\frac{\partial \mathbf{x}}{\partial t} = \sum_{i,j}\left[\left(\mathbf{a}^i \cdot \mathbf{a}^j\right)\frac{\partial^2 \mathbf{x}}{\partial \xi_i \partial \xi_j}\left(\frac{1}{\omega}\right) + \left(\mathbf{a}^i \cdot \mathbf{a}^j\right)\frac{\partial \mathbf{x}}{\partial \xi_i}\left(\frac{1}{\omega^2}\frac{\partial \omega}{\partial \xi_j}\right)\right], \tag{5.23}$$

woraus bis auf den in diesem Fall konstanten Faktor ω_{M} die MMPDE (3.7) resultiert. Dieser ist jedoch nicht ausschlaggebend für das Verhalten der MMPDE und wird im ungestörten Zustand ein unverändertes Gitter bewirken. Der Ansatz der Multiplikation kann daher als natürliche Erweiterung der MMPDE angesehen werden, während die Addition faktisch zu einer neuen Gleichung mit verändertem Verhalten führt. Aus diesem Grund wird im Folgenden der multiplikative Ansatz weiter untersucht.

Zu klären bleibt nun, wie die multiplikative Monitorfunktion $\boldsymbol{G}_{\mathrm{M}}$ bestimmt werden kann. Dieser Weg ist prinzipiell unabhängig vom angestrebten Ziel. Die Funktion $\boldsymbol{G}_{\mathrm{M}}$ hängt von einer gewünschten Verteilung der Gitterpunkte $\mathbf{x} = \breve{\mathbf{x}}$ und einer dazugehörigen physikalischen Monitorfunktion $\boldsymbol{G} = \breve{\boldsymbol{G}}$ ab. Aus der stationären Lösung der MMPDE (3.6) für die überlagerte Monitorfunktion mit bekannter Verteilung $\breve{\boldsymbol{G}}$ und $\breve{\mathbf{x}}$ folgt damit die Verteilung für $\boldsymbol{G}_{\mathrm{M}}$.

Die Zielvorgaben $\breve{\boldsymbol{G}}$ und $\breve{\mathbf{x}}$ können unterschiedlich motiviert sein. So ist beispielsweise die vorgegebene Monitorfunktion $\breve{\boldsymbol{G}} = \boldsymbol{G}_u$ gleich jener im ungestörten Zustand. Dazu lassen sich als Zielgitter $\breve{\mathbf{x}}$ beispielsweise das Ausgangsgitter $\breve{\mathbf{x}} = \mathbf{x}_0$, ein äqudistantes Gitter $\breve{\mathbf{x}} = \mathbf{x}_\mathrm{q}$ oder aber eine analytisch bekannte Verteilung $\breve{\mathbf{x}} = \mathbf{x}_\mathrm{a}$ anstreben. Jede dieser Vorgaben resultiert in einer anderen Formulierung für $\boldsymbol{G}_\mathrm{M}$.

Für die weiteren Umformungen wird vorausgesetzt, dass die Inverse $\widetilde{\boldsymbol{G}}^{-1}$ existiert und ebenfalls eine Diagonalmatrix $\widetilde{\boldsymbol{G}}^{-1} = 1/\widetilde{\omega}\,\mathbf{I}$ ist. Für $\widetilde{\omega} \neq 0$ ist dies erfüllt und damit kann $1/\widetilde{\omega} = 1/(\omega\omega_\mathrm{M})$ angenommen werden.

Die Ermittlung des multiplikativen Anteils $\boldsymbol{G}_\mathrm{M} = \omega_\mathrm{M}\,\mathbf{I}$ erfolgt mit Hilfe der MMPDE (5.19) für den stationären Zustand (definiert durch die Monitorfunktion $\breve{\omega}$ und das Gitter $\breve{x}$)

$$0 = \underbrace{\sum_{i,j=1}^{d}\left(\mathbf{a}^i\cdot\mathbf{a}^j\right)\frac{\partial^2\breve{x}_k}{\partial\xi_i\partial\xi_j}}_{=:\,-\Upsilon_k} + \sum_{j=1}^{d}\underbrace{\sum_{i=1}^{d}\left(\mathbf{a}^i\cdot\mathbf{a}^j\right)\frac{\partial\breve{x}_k}{\partial\xi_i}}_{=:\,\Pi_{jk}}\frac{1}{\breve{\omega}\omega_\mathrm{M}}\frac{\partial(\breve{\omega}\omega_\mathrm{M})}{\partial\xi_j}\,. \tag{5.24}$$

Dabei ist ω_M die gesuchte Funktion. Zu beachten ist, dass in (5.24) der Index k für die Richtung der Gleichung steht. Mit den eingeführten Größen Υ_k und Π_{jk} lässt sich (5.24) vereinfacht schreiben als

$$\sum_{j=1}^{d}\left(\frac{1}{\breve{\omega}\omega_\mathrm{M}}\frac{\partial(\breve{\omega}\omega_\mathrm{M})}{\partial\xi_j}\right)\Pi_{jk} = \Upsilon_k\,, \tag{5.25}$$

was bereits eine deutliche Schwierigkeit offenbart. Es handelt sich hierbei um d Gleichungen zur Bestimmung der skalaren Funktion ω_M. Dies hat zur Folge, dass es nicht immer eine Lösung für ω_M gibt. Gleichung (5.25) muss nun nach der gesuchten Größe umgestellt werden und liefert

$$\frac{1}{\breve{\omega}\omega_\mathrm{M}}\frac{\partial(\breve{\omega}\omega_\mathrm{M})}{\partial\xi_l} = \Upsilon_k\,\Pi_{kl}^{-1}\,, \tag{5.26}$$

unter der Voraussetzung, dass (Π_{jk}) eine Inverse $(\Pi_{jk})^{-1}$ besitzt, fortan mit Π_{jk}^{-1} bezeichnet. Eine genauere Betrachtung von (Π_{jk}) zeigt die mögliche Umformulierung als

$$\Pi_{jk} = \nabla\xi_i^T\nabla\xi_j\frac{\partial\breve{x}_k}{\partial\xi_i} = \frac{\partial\xi_i}{\partial\breve{x}_m}\frac{\partial\xi_j}{\partial\breve{x}_m}\frac{\partial\breve{x}_k}{\partial\xi_i} = \delta_{km}\frac{\partial\xi_j}{\partial\breve{x}_m} = \frac{\partial\xi_j}{\partial\breve{x}_k}\,, \tag{5.27}$$

mit den zugehörigen Überlegungen zur Inversen

$$\delta_{jl} = \frac{\partial\xi_j}{\partial\xi_l} = \frac{\partial\xi_j}{\partial\breve{x}_k}\frac{\partial\breve{x}_k}{\partial\xi_l} = \Pi_{jk}\frac{\partial\breve{x}_k}{\partial\xi_l}\,. \tag{5.28}$$

Damit ergibt sich

$$\Pi_{kl}^{-1} = \frac{\partial\breve{x}_k}{\partial\xi_l}\,. \tag{5.29}$$

Mit Hilfe der Definition der Inversen $\Pi_{jk}\Pi_{kl}^{-1} = \delta_{jl}$ folgen

$$\frac{1}{\breve{\omega}\omega_\mathrm{M}}\frac{\partial(\breve{\omega}\omega_\mathrm{M})}{\partial\xi_l} = \Upsilon_k\frac{\partial\breve{x}_k}{\partial\xi_l}\,, \tag{5.30}$$

als die nach ω_M zu lösenden Gleichungen. Für adaptive Simulationen mit beliebiger Monitorfunktion ω und Gitter $\mathbf{x}$ wird dann entsprechend

$$\widetilde{\omega} = \omega\,\omega_\mathrm{M} \tag{5.31}$$

verwendet.

5.3.5. Anstreben analytisch gegebener Verteilungen

Die im vorigen Abschnitt vorgestellte Methodik erlaubt eine Vielzahl von Möglichkeiten der Vorgabe für $\breve{\omega}$ und $\breve{\mathbf{x}}$ zur Bestimmung der zugehörigen, geometrisch motivierten Monitorfunktion ω_M. Gegenstand dieses Abschnittes ist die Bestimmung von ω_M für verschiedene bekannte analytische Verteilungen $\breve{\mathbf{x}}$ im ungestörten Zustand $\breve{\omega} = \omega_\mathrm{u} = const.$ Ausgangspunkt der Umformung ist (5.25), hier geschrieben für eine beliebige Koordinate ϑ

$$\frac{1}{\widetilde{\omega}}\frac{\partial\widetilde{\omega}}{\partial\xi_l} = -\nabla\xi_i^T\,\nabla\xi_j\,\frac{\partial^2\vartheta}{\partial\xi_i\partial\xi_j}\frac{\partial\vartheta}{\partial\xi_l}\,. \tag{5.32}$$

Als Vereinfachung wird angenommen, dass die einzelnen Koordinatenrichtungen entkoppelt sind, es sich demnach um quasi eindimensionale Fälle handelt und damit $\frac{\partial\vartheta}{\partial\xi}\frac{\partial\xi}{\partial\vartheta} = 1$ gilt. Aufgrund des ungestörten Zustandes ist $\widetilde{\omega} = \omega_\mathrm{u}\omega_\mathrm{M} = const.\cdot\omega_\mathrm{M}$, wodurch in (5.32) $\widetilde{\omega}$ ersetzt werden kann mit ω_M. Mit den getroffenen Annahmen ergibt sich schließlich für die gesuchte Funktion ω_M

$$\begin{aligned}\frac{1}{\omega_\mathrm{M}}\frac{\partial\omega_\mathrm{M}}{\partial\xi} &= -\,\nabla\xi_i^T\,\nabla\xi_j\,\frac{\partial^2\vartheta}{\partial\xi^2}\frac{\partial\vartheta}{\partial\xi} = -\left(\frac{\partial\xi}{\partial\vartheta}\right)^2\frac{\partial^2\vartheta}{\partial\xi^2}\frac{\partial\vartheta}{\partial\xi} = -\frac{\partial^2\vartheta}{\partial\xi^2}\left(\frac{\partial\xi}{\partial\vartheta}\right)^{-1}\,,\\ \Rightarrow (\ln\omega_\mathrm{M})' &= -\left(\ln\frac{\partial\vartheta}{\partial\xi}\right)'\,,\\ \Rightarrow \omega_\mathrm{M} &= \frac{C}{\left(\frac{\partial\vartheta}{\partial\xi}\right)}\,.\end{aligned} \tag{5.33}$$

Die Konstante C ist dabei frei wählbar, jedoch muss die Positivität von $\widetilde{\omega}$ gewahrt bleiben. Einige mögliche Verteilungen sind im Folgenden aufgelistet. Die Herleitung der einzelnen Verteilungen erfolgt in Krull [54].

- **Geometrisches Zellwachstum:** Dieses ist gekennzeichnet durch einen konstanten Wachstumsfaktor f_ϑ mit der Verteilung

$$\vartheta(\xi) = \vartheta_0 + \frac{1-f_\vartheta^\xi}{1-f_\vartheta^N}\,L_\vartheta\,. \tag{5.34}$$

  Dabei ist ϑ_0 die Koordinate bei $\xi = 0$ und $L_\vartheta = \vartheta_N - \vartheta_0$ die Länge des Gebietes.

Es folgt mittels (5.33)

$$\omega_{\mathrm{M}} = \frac{C}{f_\vartheta^\xi}. \tag{5.35}$$

Diese ist beliebig kombinierbar für mehrere Richtungen, beispielsweise für den dreidimensionalen Fall, wobei x mit ξ_1, y mit ξ_2 und z mit ξ_3 korreliert:

$$\omega_{\mathrm{M}} = \frac{C}{f_x^{\xi_1} f_y^{\xi_2} f_z^{\xi_3}}. \tag{5.36}$$

- **Bi-geometrisches Zellwachstum:** Das Zellwachstum ist hierbei geteilt. Im Bereich $\xi \in [0, N/2]$ liegt f_ϑ vor, während danach $1/f_\vartheta$ das Verhältnis benachbarter Zellgrößen ist. Analytisch lässt sich diese Verteilung angeben mit

$$\vartheta(\xi) = \frac{\vartheta_N + \vartheta_0}{2} + \frac{\vartheta_N - \vartheta_0}{2} \operatorname{sign}\left(\frac{N}{2} - \xi\right) \left(\frac{1 - f_\vartheta^{-\left|\frac{N}{2}-\xi\right|}}{1 - f_\vartheta^{\frac{N}{2}}}\right) f_\vartheta^{\frac{N}{2}} \tag{5.37}$$

und mit (5.33) folgt

$$\omega_{\mathrm{M}} = C\, f_\vartheta^{\left|\xi - \frac{N}{2}\right|}. \tag{5.38}$$

- **Exponentielles Zellwachstum:** Hier ist die Schrittweite proportional zur Koordinate $\Delta\vartheta \sim \vartheta$, beschreibbar mittels

$$\vartheta(\xi) = \vartheta_0 \left(\frac{e^{C_1 N} - e^{C_1 \xi}}{e^{C_1 N} - 1}\right) + \vartheta_N \left(\frac{e^{C_1 \xi} - 1}{e^{C_1 N} - 1}\right), \tag{5.39}$$

wobei $\mathrm{d}\vartheta = C_1 \vartheta + C_2$ mit $C_1, C_2 \neq 0$ vorausgesetzt wird. Es folgt mit (5.33)

$$\omega_{\mathrm{M}} = C e^{-C_1 \xi}, \tag{5.40}$$

mit dem Zusammenhang

$$\frac{C_1}{C_2} = \frac{e^{C_1 N} - 1}{\vartheta_N - \vartheta_0 e^{C_1 N}}. \tag{5.41}$$

5.3.6. Anwendung auf Polarkoordinaten

Im Folgenden wird dem Spezialfall eines in Zylinderkoordinaten beschreibbaren Gitters besondere Aufmerksamkeit geschenkt Dabei stehen die Koordinaten: r, φ, z für radiale, Umfangs- und axiale Richtung. Speziell polare Gitter sind von Interesse, bei denen die einzelnen Richtungen entkoppelt sind, siehe dazu die Erläuterungen in Abschnitt 5.1.2. Dort wurde ebenfalls gezeigt, dass für die radiale Richtung im stationären Zustand folgt

$$\frac{1}{\omega}\frac{\partial \omega}{\partial r} = -\frac{\partial^2 r}{\partial \xi_1^2}\left(\frac{\partial r}{\partial \xi_1}\right)^{-2} + \frac{1}{r} \tag{5.42}$$

und damit (5.33) für die radiale Koordinate nicht zutrifft.

Die multiplikative Überlagerung der Monitorfunktion kann jedoch genutzt werden, um im Falle eines ungestörten Gitters die Äquidistanz in radialer Richtung zu erreichen und damit die Gültigkeit von (5.33) auch auf die radiale Richtung auszuweiten. Dazu muss jene Funktion ω_M bestimmt werden, die sich bei äqudistantem Gitter $\check{\mathbf{x}}$ für eine ungestörte Monitorfunktion $\breve{\omega} = \omega_\mathrm{u} = const.$ einstellt. Konkret bedeutet dies für (5.42) den Übergang auf eine multiplikativ überlagerte Monitorfunktion $\widetilde{\omega}$ an Stelle von ω sowie das Wegfallen der zweiten Ableitung des Radius aufgrund des vorgegebenen Zielgitters. Es ergibt sich

$$\frac{1}{\omega_\mathrm{M}}\frac{\partial \omega_\mathrm{M}}{\partial r} = \frac{1}{r}, \tag{5.43}$$

womit folgt

$$\omega_\mathrm{M} = C\,r\,. \tag{5.44}$$

Die Konstante C ist wiederum frei, aber positiv wählbar. In Abbildung 5.4 ist das Ergebnis für die Überlagerung der Monitorfunktion mit (5.44) im ungestörten Zustand zu sehen. Ausgehend von einem stochastisch gestörten Anfangsgitter (links) stellt sich das rechts dargestellte Gitter ein. Es ist deutlich die Gleichverteilung sowohl in radialer als auch in Umfangsrichtung zu erkennen.

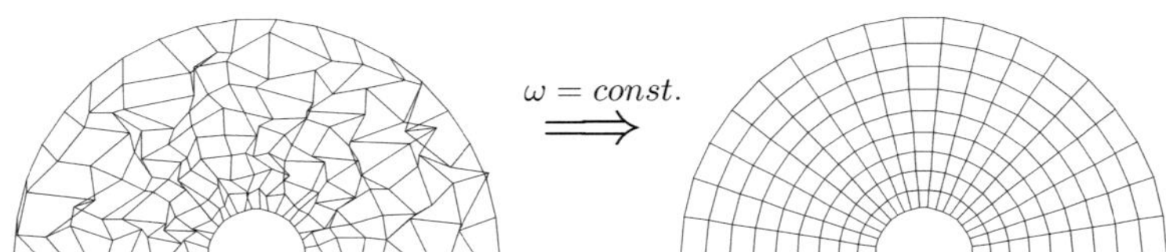

Abbildung 5.4.: Krümmungskompensation eines polaren Gitters: stochastisch manipuliertes Ausgangsgitter (links) und mit Hilfe der multiplikativen Überlagerung der Monitorfunktion resultierendes Gitter im ungestörten Zustand (rechts).

Wird (5.44) in (5.42) mit $\widetilde{\omega} = \omega\omega_\mathrm{M}$ an Stelle von ω allein eingesetzt, zeigt sich

$$\frac{1}{\widetilde{\omega}}\frac{\partial \widetilde{\omega}}{\partial r} = \frac{1}{r\omega}\frac{\partial (r\omega)}{\partial r} = \frac{1}{\omega}\frac{\partial \omega}{\partial r} + \frac{1}{r}\frac{\partial r}{\partial r} = -\frac{\partial^2 r}{\partial \xi_1^2}\left(\frac{\partial r}{\partial \xi_1}\right)^{-2} + \frac{1}{r}, \tag{5.45}$$

wodurch

$$\frac{1}{\omega}\frac{\partial \omega}{\partial r} = -\frac{\partial^2 r}{\partial \xi_1^2}\left(\frac{\partial r}{\partial \xi_1}\right)^{-2} \tag{5.46}$$

entsteht. Dies war erwartet, da es der gewünschten Formulierung (5.33) entspricht und die Vorgabe expliziter analytischer Verteilungen als Zielvorgabe im ungestörten Zustand ermöglicht.

Beispiel für Überlagerung der Monitorfunktion. Anhand eines Gitters in Zylinderkoordinaten wird die Wirkungsweise der multiplikativen Überlagerung der Monitorfunktion demonstriert. Dabei korrespondieren radiale, Umfangs- und axiale Richtung mit den Referenzkoordinaten ξ_1, ξ_2 und ξ_3 und sind voneinander entkoppelt. Die Bildung von ω_{M} hängt zusammen mit dem im ungestörten Zustand $\omega = \omega_{\mathrm{u}} = const$ angestrebten Gitter:

- Zur Anwendung von (5.33) für analytische Gitterverläufe muss die Krümmung im Gitter kompensiert werden, wodurch sich für die radiale Richtung eine Korrektur der Form $\omega_{MK} = Cr(\xi_1)$ ergibt.
- In radialer Richtung wird ein bi-geometrisches Zellwachstum mit dem Faktor f_r angestrebt mittels $\omega_{M1} = Cf_r^{\left|\xi_1 - \frac{N_{\xi_1}}{2}\right|}$.
- In Umfangsrichtung wird Äquidistanz angestrebt, wodurch $\omega_{M2} = 1$ gesetzt wird, da kein Handlungsbedarf besteht.
- In axialer Richtung wird geometrisches Wachstum mit dem Faktor f_z angestrebt mittels $\omega_{M3} = C\frac{1}{f_z^{\xi_3}}$.

Die schlussendlich in die MMPDE (3.7) einfließende Monitorfunktion $\widetilde{\omega}$ setzt sich zusammen als

$$\widetilde{\omega} = \omega\,\omega_{\mathrm{M}} = \omega\,\omega_{MK}\,\omega_{M1}\,\omega_{M2}\,\omega_{M3} \tag{5.47}$$

und es folgt

$$\widetilde{\omega}(\xi_1, \xi_2, \xi_3) = \left(C\,\frac{f_r^{\left|\xi_1 - \frac{N_r}{2}\right|}}{f_z^{\xi_3}}\,r(\xi_1) \right) \omega(\xi_1, \xi_2, \xi_3)\,, \tag{5.48}$$

wiederum mit einer positiven, sonst aber beliebig wählbaren Konstante C.

6. Instationäre Adaption einer thermisch getriebenen Strömung

6.1. Barokline Wellen

6.1.1. Physikalisches Phänomen

Die Zirkulation der Atmosphäre wird durch den beständigen Temperaturunterschied zwischen den Polen und dem Äquator angetrieben. Während im Bereich des Äquators bis etwa 40 Grad Breite ein Energiegewinn zu verzeichnen ist, weist das übrige Gebiet bis zu den Polen ein Energiedefizit auf. Dabei wird die stete Erwärmung der niederen Breiten und entsprechend die Abkühlung hoher Breiten durch eine konvektive Ausgleichsbewegung in der Atmosphäre und den Ozeanen verhindert [80]. Eine wichtige Rolle bei dieser globalen Zirkulation der Atmosphäre spielen barokline Wellen. Sie tragen in großem Maße zum stark polwärts und vertikal gerichteten Transport von Wärme und Drehimpuls bei und bewirken die Freisetzung von potentieller Energie mit großskaligen horizontalen Temperaturgradienten [67].

Den grundlegenden Mechanismus dieser großskaligen Srömungsphänomene bildet die barokline Instabilität (BI) [23]. Kennzeichnend für diesen Zustand ist die Neigung der Isothermen (Linien gleicher Temperatur) bzw. der Isopyknen (Linien gleicher Dichte) gegen die Isobaren (Linien gleichen Druckes). Dies ist gleichbedeutend mit einer Neigung des Druckgradienten zu jenem der Dichte. Der Vergleich zum barotropen Zustandes, in dem beide Gradienten parallel zueinander sind, ist in Abbildung 6.1 skizziert.

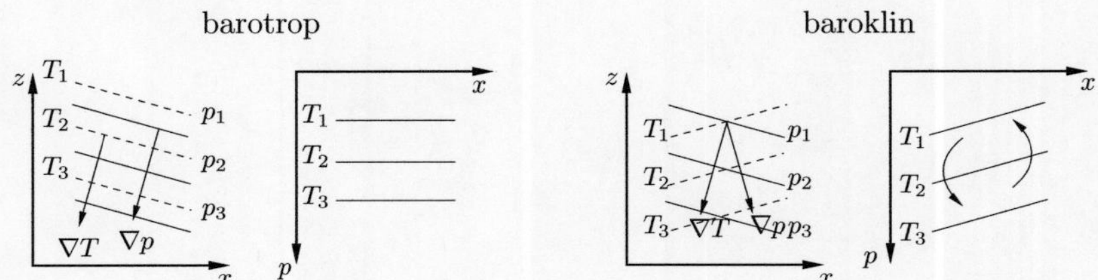

Abbildung 6.1.: Vergleich des barotropen (links) mit dem baroklinen (rechts) Zustand. In Anlehnung an Etling [23].

Während im barotropen Zustand das System im Gleichgewicht ist, führt die barokline Instabilität zur Ausbildung einer konvektiven Ausgleichsströmung. Dies wird durch die Umwandlung von potentieller und innerer Energie der Grundströmung in die Energie der Störung mit nachfolgender Umwandlung in kinetische Energie bewirkt, welche zum Aufbau eines Geschwindigkeitsfeldes führt [23]. Ist der radiale

Wärmetransport durch Wärmeleitung nicht mehr ausreichend erfolgt die Ausbildung einer mäandrierenden Jetströmung um diesen zu erhöhen.
Die BI ist damit einer der energiereichsten atmosphärenphysikalischen Prozesse [62, 67] und einer der Hauptgründe für die Variabilität des Wetters der mittleren Breiten [33]. Dies macht sie zu einem intensiv untersuchten Forschungsobjekt, da die Vorhersagbarkeit der Atmosphäre stark abhängt vom detaillierten Verhalten der voll entwickelten Wellenströmung [67]. Die zu Grunde liegenden komplexen Vorgänge sind sowohl in der Theorie als auch im Experiment kaum detailliert abzubilden. Ein weithin anerkanntes Modellexperiment zur Analyse dieses großskaligen Strömungsphänomens [39, 67, 80] wird im folgenden Abschnitt vorgestellt.

6.1.2. Modellexperiment

Die große Komplexität der Strömung in der Atmosphäre und in den Ozeanen der Erde stellt sowohl Wissenschaftler als auch Ingenieure, die das Ziel haben, dies zu modellieren, vor eine enorme Herausforderung. Die Berechnung ist gespickt mit mathematischen Schwierigkeiten aufgrund des nichtlinearen Verhaltens des Transports von Impuls, Wirbelstärke und Temperatur [67].

Aufgrund dieser Komplexität kann für ein Laborexperiment nur ein gewisser Grad der Übereinstimmung der Strömungsmuster über längere Zeitskalen erreicht werden. Vorrangig ist dabei die korrekte Abbildung der primären Balance der agierenden Kräfte des atmosphärischen Gegenparts. Dazu muss das Miniaturexperiment nicht notwendigerweise eine Miniaturreplik des globalen Systems sein. Die Konfiguration des rotierenden, unterschiedlich beheizten Zylinderspalts, häufig auch Annulus genannt, ist ein häufig verwendetes Modellexperiment zur theoretischen und experimentellen Untersuchung der physikalischen Mechanismen des komplexen Entstehungsprozesses von Wellenströmungen unter reproduzierbaren Bedingungen [39, 67, 80]. Die Analogie zwischen der Erdatmosphäre und dem Experiment ist in Abbildung 6.2 zu sehen.

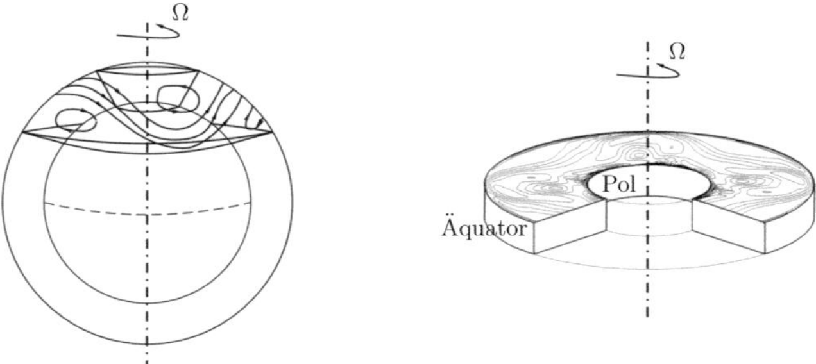

Abbildung 6.2.: Analogie der Strömung durch barokline Instabilität in der Erdatmosphäre (links) und im Modellexperiment des unterschiedlich beheizten und rotierenden Zylinderspaltes (rechts). In Anlehnung an Etling [23].

In Übereinstimmung zur Erde weist das Modell am Innenrand eine niedrige (Pol) und am Außenrand eine hohe Temperatur (Äquator) auf. Die Rotation erfolgt um die vertikale Achse. Die obere Grenzfläche ist frei und parallel zur horizontalen

Bodenfläche des Zylinderspaltes. Das Modell kann jedoch nicht alle Prozesse der Erdatmosphäre berücksichtigen. So bleiben unter anderem Grenzschichtturbulenzen, chemische Prozesse und der Strahlungstransport unberücksichtigt [80].

In Abhängigkeit von der auferlegten Rotationsrate Ω und der Temperaturdifferenz ΔT zeigt der rotierende Zylinderspalt eine Vielzahl verschiedener Strömungsregime. Zur Einordnung sind neben den beiden genannten Größen auch die Maße des Zylinderspaltes sowie das eingesetzte Fluid von Belang. Diese Größen werden durch zwei dimensionslose Kenngrößen zusammengefasst, die Rossby-Zahl [33, 39, 80]

$$Ro = \frac{g\,h\,\alpha_{\mathrm{T}}\Delta T}{\Omega^2(r_{\mathrm{a}} - r_{\mathrm{i}})^2} \tag{6.1}$$

und die Taylor-Zahl [33, 80]

$$Ta = \frac{4\,\Omega^2(r_{\mathrm{a}} - r_{\mathrm{i}})^5}{\nu^2\,h}. \tag{6.2}$$

Diese ermöglichen den Vergleich verschiedener Konfigurationen und Randbedingungen. Es bezeichnet g die Erdbeschleunigung, r_{i} und r_{a} den Innen- und Außenradius des Annulus, h dessen Höhe, ν die kinematische Viskosität und α_{T} den thermischen Ausdehnungskoeffizienten.

Die auftretenden Strömungsregime im Zylinderspalt lassen sich grundsätzlich in axialsymmetrisch und nicht axialsymmetrisch aufteilen. Ersteres tritt nur bei sehr geringen Rotationsraten auf. Die Erhöhung von Ω über einen kritischen Wert bewirkt die Ausbildung von baroklinen Wellen, einer nicht mehr axialsymmetrischen Form. Dabei treten zunächst reguläre Wellen auf, die gekennzeichnet sind von einer stationären Welle mit fester Amplitude, Phase und Form. Der Bereich der regulären Wellen mit Schwankung hinsichtlich der Amplitude, der Form oder Phasengeschwindigkeit schließt sich an. Mit der weiteren Erhöhung der Rotationsrate Ω über den zweiten kritischen Wert erfolgt der Übergang zu irregulären baroklinen Wellen, auch als geostrophische Turbulenz bezeichnet [66]. Diese irreguläre Strömung weist wenig kohärente räumliche oder zeitliche Strukturen auf und ihre Vorhersage ist schwierig [39, 40, 68].

Die in den folgenden Abschnitten durchgeführten Simulationen umfassen Parameterkombinationen der baroklinen Wellen aus dem regulären Bereich.

6.2. Erweiterung der Erhaltungsgleichungen

6.2.1. Berechnung dichtegetriebener Strömungen

Die Berechnung der Strömung im rotierenden Zylinderspalt erfordert die zusätzliche Lösung der Energiegleichung, welche mit (2.13) gegeben ist. Der Einfluss der Temperatur auf die Massenerhaltung (2.11) und die Impulserhaltung (2.12) wird mittels der Boussinesq-Approximation [24] realisiert. Die Änderung der Temperatur im Feld wird als gering angesehen, so dass auch weiterhin in den Transportgleichungen von Masse und Impuls eine konstante Dichte erscheint, mit Ausnahme des Volumenkraftterms in (2.12) in welchem die Dichteänderung nicht vernachlässigt wird. Die Annahme eines linearen Zusammenhangs zwischen der Dichte und der Temperatur liefert

$$\bar{\mathbf{f}}_b = -\frac{\bar{\rho}(\mathbf{x},t)}{\rho_{\text{ref}}}\, g\, \mathbf{e}_g \qquad \text{mit} \qquad \bar{\rho}(\mathbf{x},t) = \rho_{\text{ref}}\Big(1 - \alpha_{\text{T}}(\bar{T}(\mathbf{x},t) - T_{\text{ref}})\Big) \tag{6.3}$$

für den Volumenkraftvektor des Auftriebs. Dabei bezeichnet ρ_{ref} die Referenzdichte mit zugehöriger Referenztemperatur T_{ref} und $\mathbf{e}_g$ den Richtungsvektor der Schwerkraft.

6.2.2. Berechnung rotierender Strömungen

Für die Beschreibung der rotierenden Strömung mit Wärmetransport bieten sich prinzipiell zwei Möglichkeiten an:

- im Absolutsystem,
- im bewegten (rotierenden) Koordinatensystem.

Die Berechnung im Absolutsystem berücksichtigt die Rotation durch Vorgabe einer Wandgeschwindigkeit des Zylinderspaltes ungleich null. Es sind keine zusätzlichen Implementierungen notwendig.

Die Umsetzung im bewegten Koordinatensystem erfordert die Überführung der Impulserhaltung (2.12) vom Absolutsystem ins Relativsystem. Dabei treten verschiedene Volumenkraftterme auf, welche die Auswirkungen der Bewegung des Absolutsystems beschreiben [73]. Für den vorliegenden Fall wird die Rotation um die z-Achse mit zeitlich konstanter Winkelgeschwindigkeit ohne zusätzliche translatorische Bewegung des Koordinatenursprungs betrachtet. Damit ergibt sich die zusätzlich zu berücksichtigende Volumenkraft zu

$$\bar{\mathbf{f}}_v = 2\,\boldsymbol{\Omega}\times\bar{\mathbf{u}} + \boldsymbol{\Omega}\times(\boldsymbol{\Omega}\times\mathbf{x})\,. \tag{6.4}$$

Hierbei ist $\boldsymbol{\Omega} = (0,0,\Omega)^t$ der Vektor der Winkelgeschwindigkeit, $\mathbf{x}$ der Ortsvektor und $\bar{\mathbf{u}}$ der Geschwindigkeitsvektor im Relativsystem. Der erste Term in (6.4) ist die Corioliskraft, während der zweite Term die Zentrifugalkraft wiedergibt. Werden diese Zusatzterme implementiert, kann im Relativsystem mit unbewegten Wänden gerechnet werden und mit (2.11)-(2.13) werden die Relativgeschwindigkeiten bestimmt.

Die augenscheinlich leichter umzusetzende Variante der Berechnung im Absolutsystem erweist sich jedoch in mehrfacher Hinsicht als ungünstig. Zum einen ist für den Vergleich mit Experimenten stets die relative Strömung von Interesse. Diese ist jedoch in ihrer Größe um mehr als eine Größenordnung kleiner als die Strömungsgeschwindigkeit durch die Rotation des Annulus. Dies wirkt sich in einer längeren CPU-Zeit der Rechnungen aus, da aufgrund der großen Geschwindigkeiten durch die Rotation eine geringere Zeitschrittweite nach (2.14) folgt. Des Weiteren orientiert sich das Residuum der Rechnung an den großen Absolutgeschwindigkeiten, wodurch eine geringere Genauigkeit der deutlich kleineren Relativgeschwindigkeiten folgt. Im Weiteren ist diese Beschreibungsform nachteilig für die angestrebte Gitterbewegung. Bei einer Rotationsrate von $\Omega = 6\,\text{U/min}$ bedeutet dies einen vollständigen Umlauf der Welle im Absolutsystem in 10 s Simulationszeit, während die Beschreibung im Relativsystem einen vollständigen Umlauf der Welle in circa 270 s ergibt, da nur die relative Bewegung der Welle zum Annulus in Erscheinung tritt. Dies führt im Falle der Beschreibung im Absolutsystem zu einer Gitterbewegung, die der Welle nicht folgen kann bzw. zu einem drastisch reduzierten Zeitschritt führt, teilweise mit dem Faktor zehn und mehr. Dies ist notwendig, um die numerische Instabilität des Lösers der physikalischen Erhaltungsgleichungen aufgrund zu großer Gitterbewegungen in einem Zeitschritt zu vermeiden.

Aus diesem Grund wurde die Simulation im Relativsystem angewandt und alle folgenden Ergebnisse sind mit dieser Beschreibungsform ermittelt.

6.3. Setup

6.3.1. Physikalische Konfiguration

Die kritische Rotatationsrate zur Ausbildung der baroklinen Wellen hängt von einer Vielzahl von Parametern ab. So haben die physikalischen Eigenschaften des eingesetzten Fluids ebenso darauf Einfluss wie Form und Dimension des Zylinderspaltes [39]. In der Literatur ist eine Vielzahl verschieden dimensionierter Konfigurationen zu finden, siehe beispielsweise [40, 64, 68].

Im Rahmen des Schwerpunktprogrammes 1276 MetStröm [1] wurden in einem weiteren Projekt experimentelle Untersuchungen in einem Zylinderspalt mit den Maßen $r_\mathrm{i} = 45\,\mathrm{mm}$, $r_\mathrm{a} = 120\,\mathrm{mm}$ und $h = 135\,\mathrm{mm}$ durchgeführt, dargestellt in Abbildung 6.3. Die experimentell aufgenommenen Parameterkombinationen des Referenzexperimentes sind in der gleichen Abbildung rechts zu sehen.

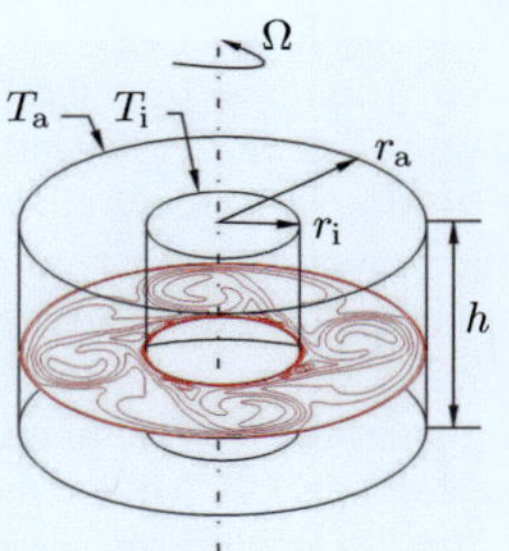

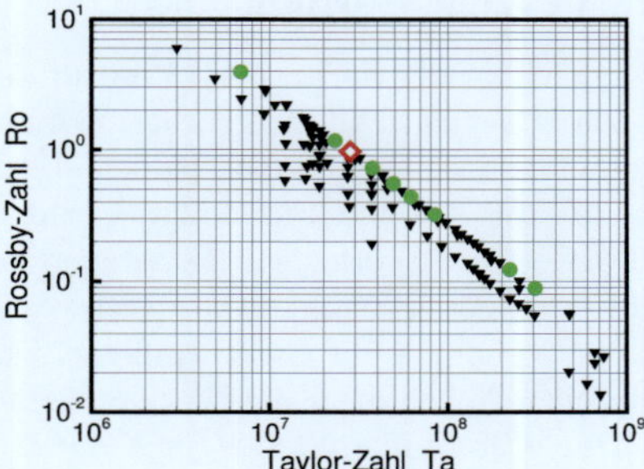

Abbildung 6.3.: Konfiguration des rotierenden Zylinderspaltes mit Maßen und Temperaturbezeichnungen (links). Taylor-Rossby-Diagramm mit eingetragenen Parameterkombinationen des Referenzexperiments [2] (schwarze Dreiecke), LESOCC2-Simulationen auf stationärem Gitter (grüne Kreise) und des Parameterpunktes für die Adaption (roter Diamant).

Als Fluid wurde Wasser mit den in Tabelle 6.1 aufgelisteten Stoffwerten verwendet. Für die adaptiven Simulationen wurde eine Temperaturdifferenz von $\Delta T = 8\,\mathrm{K}$ mit den zugehörigen Temperaturen $T_\mathrm{a} = 23.5\,\mathrm{K}$ und $T_\mathrm{b} = 31.5\,\mathrm{K}$ am Innen- und Außenrand des Zylinderspaltes vorgegeben. Die für die Boussinesq-Approximation (6.3) notwendigen Referenzwerte der Dichte und der Temperatur sind ebenfalls in Tab. 6.1 integriert. Zusammen mit $\Omega = 0.635\,\mathrm{rad/s}$ ergeben sich die Rossby-Zahl $Ro = 0.95$

Kinematische Viskosität	$\nu = 1.004 \cdot 10^{-6}\,\mathrm{m^2/s}$
Thermische Diffusivität	$\kappa = 0.1434 \cdot 10^{-6}\,\mathrm{m^2/s}$
Thermischer Ausdehnungskoeffizient	$\alpha_\mathrm{T} = 2.07 \cdot 10^{-4}\,1/\mathrm{K}$
Prandtl-Zahl	$Pr = 7$
Referenzdichte	$\rho_\mathrm{ref} = 1000\,\mathrm{kg/m^3}$
Referenztemperatur	$T_\mathrm{ref} = 20\,°\mathrm{C}$

Tabelle 6.1.: Stoffwerte für Wasser.

und die Taylor-Zahl $Ta = 2.8 \cdot 10^7$, eingetragen in das Diagramm in Abb. 6.3 (rechts). Im Experiment ist dies der Bereich laminarer Strömung mit regulären baroklinen Wellen ohne Schwankungen in Amplitude, Form oder Phase. Dazu wurde eine Wellenzahl mit dem Mode $m = 3$ beobachtet [2].

Zur Wiedergabe des Experimentes werden für die numerische Simulation Randbedingungen benötigt. Für die Geschwindigkeit werden die Wände des Zylinderspaltes feststehend in Form einer Dirichlet-Bedingung realisiert, während der freien Oberfläche mittels einer Neumann-Randbedingung Rechnung getragen wird. Die Temperatur wird am Innen- und Außenzylinder vorgegeben, während für die Bodenfläche und die freie Oberfläche eine adiabate Randbedingung in Form eines verschwindenden Wärmestromes verwendet wird.

6.3.2. Vergleichslösung

Die Vergleichbarkeit der in der Literatur zu findenden Annulus-Ergebnisse ist begrenzt, da in keinem Fall die gleichen Zylinderspaltabmaße wie im vorliegenden Fall eingesetzt wurden. Diese haben jedoch ebenfalls Auswirkung auf das Verhalten der Wellen [39]. Aus diesem Grund kann ein direkter Vergleich nur mit den Experimenten der BTU Cottbus [2] erfolgen. Hier stehen Temperaturmessungen an der Oberfläche sowie die Driftgeschwindigkeit der Welle c_d zur Verfügung [61].

Für den Vergleich der Geschwindigkeitskomponenten sowie der Temperatur an verschiedenen Höhen dient eine hochauflösende Simulation mit 4.15 Millionen Zellen. Das Gitter besteht aus $N_r \times N_\varphi \times N_z = 92 \times 289 \times 161$ Gitterpunkten in radialer, Umfangs- und vertikaler Richtung (insgesamt 4.3 Mio.). Ein Ausschnitt des Gitters für einen Quadranten in der r-φ-Ebene ist in Abbildung 6.4 zu sehen. Als Nebenbemerkung zu den hier gezeigten Darstellungen sei erwähnt, dass sich die Konfiguration selbst gut in Zylinderkoordinaten r, φ, z, für radiale, Umfangs- und axiale Richtung, beschreiben lässt. Die numerische Simulation erfolgt auf einem solchen Gitter, jedoch mit kartesischen Geschwindigkeitskomponenten.

Diese Ergebnisse dienen auch der Einordnung der erreichbaren Güte der Simulation im Vergleich mit dem Experiment. Es zeigt sich jedoch bereits für diesen Parameterpunkt die Möglichkeit, dass bei gleichen Parametern Ta und Ro eine verschiedene Anzahl an Moden auftreten kann [81]. Abbildung 6.5 zeigt zwei numerische Simulationen bei gleichen Werten für Ro und Ta mit unterschiedlicher Initialisierung im Vergleich mit einer Aufnahme aus dem Experiment. Die Anfangsbedingung, resultierend aus einer konvergierten axialsymmetrischen Lösung der Strömung mit

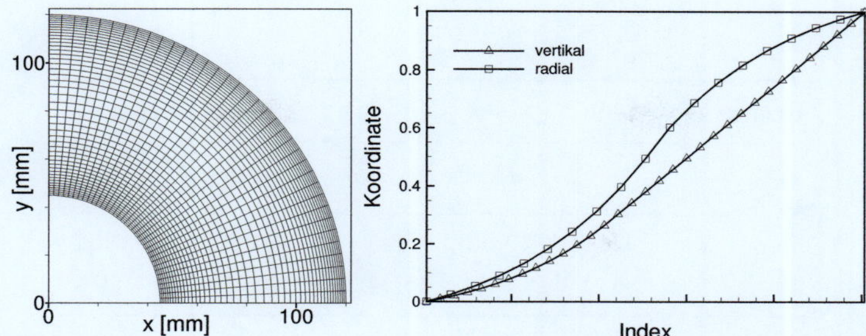

Abbildung 6.4.: Details des Gitters der Referenzsimulation: Quadrant des Gitters in beliebiger vertikaler Ebene, jede 2. Gitterlinie dargestellt (links), und Verlauf des Radius und der Höhe (normiert mit Maximalwert) über dem zugehörigen Gitterindex (rechts).

aufgeprägtem Temperaturgradienten, aber ohne Rotation, wird mit 8K bezeichnet und zeigt eine Wellenzahl $m = 2$, Abb. 6.5 (mitte). Wird als Startlösung eine Strömung mit Wellenstruktur $m = 3$ vorgegeben, so bleibt diese erhalten, siehe Abb. 6.5 (rechts). Diese Lösung wird im Folgenden mit S3 bezeichnet.

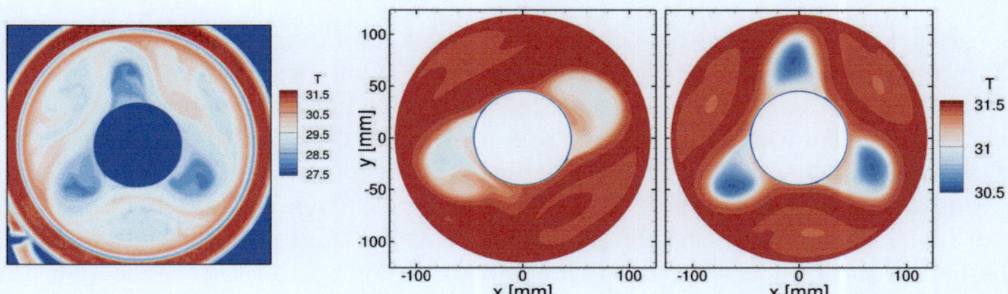

Abbildung 6.5.: Vergleich der Wellenzahl der baroklinen Welle für $Ro = 0.95$ und $Ta = 2.8 \cdot 10^7$ auf der Deckfläche bei $z = 135\,\text{mm}$: Aufnahme aus dem Experiment [61] (links). Numerische Simulationen mit variabler Initialisierung: 8K (mitte), S3 (rechts).

Für beide numerische Simulationen zeigt sich, dass unabhängig von der wiedergegebenen Wellenzahl die Temperaturverteilung deutlich von jener im Experiment abweicht. Zu beachten ist die unterschiedliche Intensität der Temperaturverteilung der beiden numerischen Lösungen (identische Skalierung) in Abb. 6.5. Dies wird auch in Vincze et al. [79] diskutiert und ist daher nicht auf etwaige Fehler in der numerischen Simulation zurückzuführen. Die Temperaturverteilung an der Oberfläche eignet sich damit jedoch nicht als Vergleichsgröße.

Die Relativbewegung der Welle gegenüber dem Annulus wurde mit Hilfe des zeitlichen Verlaufs der Temperatur an einem ortsfesten Punkt an der Oberfläche bestimmt. Der Drift c_d wurde anschließend über eine Fourieranalyse dieser Zeitreihe bestimmt und ist in Tabelle 6.2 für die Simulationen aufgelistet. Erwartungsgemäß kann die Lösung S3 die Dynamik der Welle im Vergleich zum Experiment besser wiedergeben.

Rechnung	Mode	Nu [-]	c_d [rad/s]	t_{rev} [s]
Exp.	3	–	0.0228	276
8K	2	15.55 .. 15.95	0.0207	304
S3	3	16.44	0.0228	276

Tabelle 6.2.: Vergleich von Experiment und Numerik für Nusselt-Zahl Nu und Drift c_d der Welle zusammen mit der Umlaufzeit der Welle t_{rev}, relativ zum Zylinderspalt.

Für die Einschätzung des Verhältnisses der totalen Wärmestromdichte $\dot{q}_{tot}$ zu der Wärmestromdichte durch reine Wärmeleitung $\dot{q}_{le}$ kann die Nusselt-Zahl in der Form [39, 40, 80]

$$Nu = \frac{\dot{q}_{tot}}{\dot{q}_{le}} = \frac{\left.\frac{\partial T}{\partial r}\right|_{w}}{\left.\frac{\partial T}{\partial r}\right|_{A}} \tag{6.5}$$

eingesetzt werden. Dabei bezeichnet der Index w die Innen- bzw. Außenwand des Zylinderspaltes, während mit dem Index A der Temperaturgradient im Annulus bezeichnet wird. Auch hierbei eignet sich der Vergleich mit dem Experiment nicht, da nur die Gradienten an der Deckfläche bestimmt werden konnten. Diese unterscheiden sich jedoch gravierend zwischen Experiment und Simulation. Aus diesem Grund wurde die Nu-Zahl nur für die Simulation bestimmt. Während sich für den Fall S3 ein zeitlich konstanter Wert einstellte, wurde für den Fall 8K im angegebenen Bereich ein periodisch variierender Wert beobachtet. Dies lässt auf eine gestörte Welle schließen. Zur weiteren Untersuchung wurde entlang des Kreises mit dem Radius $r = 82,5\,\text{mm}$ (mittlerer Radius des Spalts) an definierten Höhen die Temperaturverteilung in gegebenen Zeitabständen erfasst. Für die Höhe $z = 100\,\text{mm}$ ist dies für beide Fälle in Abbildung 6.6 (links, rechts) zu sehen. Dabei werden Temperaturen, die kleiner als die mittlere Temperatur dieses Datensatzes sind, schwarz dargestellt, höhere entsprechend weiß. Diese Darstellung wird häufig auch als Hovmöller-Diagramm bezeichnet. Für eine reguläre ungestörte Welle erwartet man gleichmäßige schräg verlaufende Bänder aufgrund des Drifts der Welle. Dies ist für S3 zu erkennen, während 8K deutlich ausgefranste Bänder zeigt, was auf eine Schwankung in der Amplitude hindeutet.

Verdeutlicht wird dies mit dem Phasenraumdiagramm [64], wobei von jedem Zeitsignal der Temperatur bei $r = 82,5\,\text{mm}$ und $z = 100\,\text{mm}$ eine Fouriertransformation durchgeführt wurde. In Abbildung 6.6 (mitte) sind die Real- und Imaginärteile der jeweils dominierenden Terme aufgetragen. Für den Fall S3 ergibt sich der erwartete Kreis, während für 8K die periodische Schwankung der Amplitude zu erkennen ist. Damit handelt es sich um eine Amplitudenschwankung für den Mode $m = 2$ von 8K.

Aufgrund der Schwankungen der 8K-Simulation und der sehr guten Übereinstimmung der Simulation S3 hinsichtlich der Stabilität der Mode-Anzahl und des

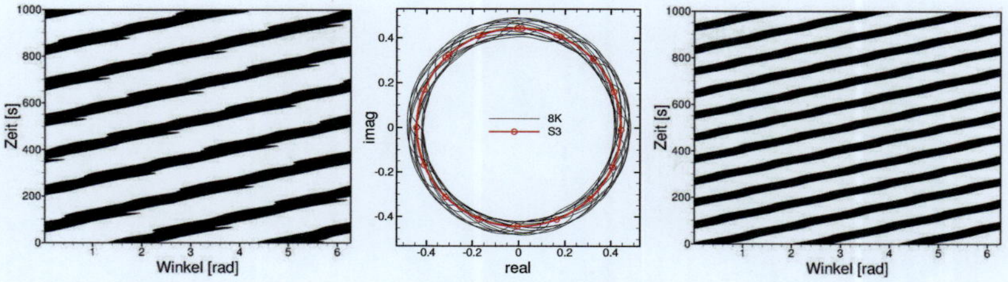

Abbildung 6.6.: Hovmöller-Diagramme für Initialisierung mit reinem Temperaturgradienten 8K (links) und Störung mit 3er-Welle S3 (rechts). Phasenraumdiagramm des dominierenden Mode (mitte) für die Höhe $z = 100$ mm.

Driftes mit dem Experiment wird S3 als Referenz für die durchzuführenden adaptiven Simulationen eingesetzt.

Zur Veranschaulichung der im folgenden Abschnitt vorgestellten Kriterien wird an dieser Stelle die gewählte Referenzlösung S3 mit einigen Darstellungen bezüglich der Geschwindigkeit und der Temperatur ergänzt. Die auftretende horizontale Temperaturdifferenz führt zur Ausbildung großer Gradienten der Temperatur in der Strömung. In Abbildung 6.7 ist neben der Isofläche der Temperatur $T = 29.5\,°\mathrm{C}$ auch ein vertikaler Schnitt durch den Zylinderspalt dargestellt. Dieser Schnitt illustriert sehr gut die auftretenden Temperaturgradienten, besonders im Bereich des Innenzylinders nahe der freien Oberfläche. Eines der Kernziele der Adaption wird es daher sein, die Temperaturverteilung korrekt wiederzugeben.

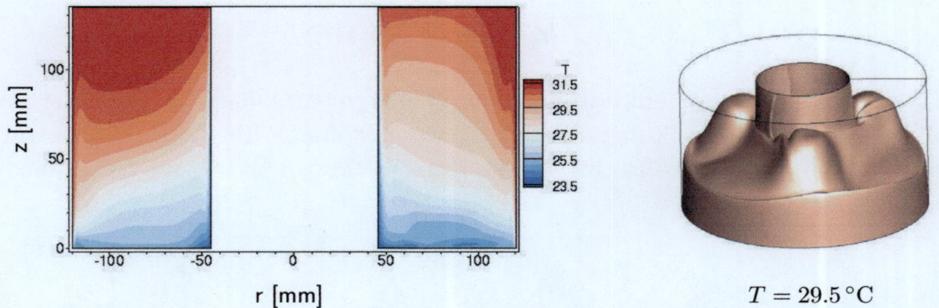

Abbildung 6.7.: Temperaturverteilung der Referenzsimulation S3: Vertikaler Schnitt (links) und Isofläche bei $T = 29.5\,°\mathrm{C}$ (rechts).

Beim Einstellen der Wellenstruktur in der Strömung bildet sich entsprechend eine mäandrierende Strömung heraus, siehe Abbildung 6.8. Diese ist von entscheidender Bedeutung für den Wärmetransport und daher ebenfalls von Interesse für die Wahl der Kriterien der Adaption.

6.4. Kriterien

Die Auswahl der Kriterien für die Adaption folgt dem Ziel, die für diese Strömung relevanten physikalischen Größen gut aufzulösen. Die im Abschnitt 4.3 eingeführten

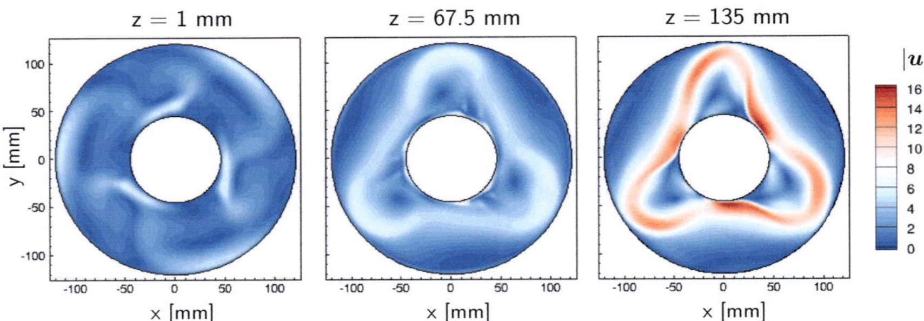

Abbildung 6.8.: Betrag der Geschwindigkeit der Referenzsimulation S3 für verschiedene Höhen: $z = 1\,\mathrm{mm}$ (links), $z = 67.5\,\mathrm{mm}$ (mitte), $z = 135\,\mathrm{mm}$ (rechts).

Kriterien eigneten sich sehr gut zur Gitteranpassung in einer turbulenten Strömung. Die nunmehr vorliegende Konfiguration beinhaltet jedoch eine laminare Strömung und einen zusätzlichen Temperaturtransport, so dass sich nur wenige der für den vorangegangenen Testfall definierten Kriterien hier eignen.

Horizontaler Temperaturgradient. Grundvoraussetzung für die Ausbildung der Welle ist der horizontale Temperaturgradient, der die konvektive Ausgleichsbewegung als Folge hat. Des Weiteren ist er für die Bestimmung der Nu-Zahl relevant, welche im Zusammenhang mit der korrekten Wiedergabe der Wärmetransportprozesse steht. In der Form

$$\psi_\mathrm{T} = |\nabla_\mathrm{h} T| = \sqrt{(\partial_x T)^2 + (\partial_y T)^2} \tag{6.6}$$

ergibt sich für die Monitorfunktion einer ausgebildeten baroklinen Welle mit der Mode-Anzahl $m = 3$ die in Abbildung 6.9 dargestellte Verteilung für die Höhen $z = 1\,\mathrm{mm}$, $z = 67.5\,\mathrm{mm}$ und $z = 135\,\mathrm{mm}$. Es sind deutlich die hohen Werte des Kriteriums am

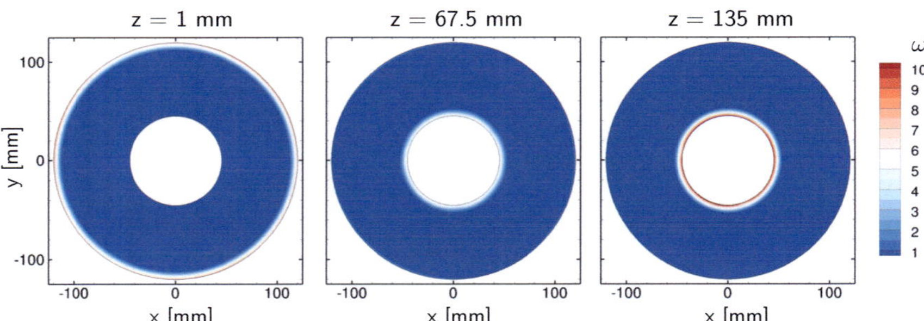

Abbildung 6.9.: Monitorfunktion im ersten adaptiven Zeitschritt unter Verwendung von ψ_T für verschiedene Höhen: $z = 1\,\mathrm{mm}$ (links), $z = 67.5\,\mathrm{mm}$ (mitte), $z = 135\,\mathrm{mm}$ (rechts).

Außenrand nahe dem Boden und am Innenrand im Bereich der freien Oberfläche

zu erkennen, in Übereinstimmung mit der aufgezeigten Temperaturverteilung in Abb. 6.7 (links). Aufgrund der Dominanz dieser Gebiete ist die Wellenstruktur durch dieses Kriterium kaum zu erfassen.

Nach Etling [23] spielt auch die vertikale Windscherung eine bedeutende Rolle bei baroklinen Wellen. Diese hängt jedoch in der vorliegenden Konfiguration direkt mit dem horizontalen Temperaturgradienten zusammen, siehe dazu das Stichwort 'thermischer Wind' in [23, 80]. Aus diesem Grund wird die vertikale Windscherung nicht als separates Kriterium aufgeführt.

Modifizierter horizontaler Temperaturgradient. Das Kriterium ψ_T ist besonders in Wandnähe dominant und lässt in der Form (6.6) keine Detektion der Welle zu. Die detaillierte Betrachtung der axialsymmetrischen Strömung zeigt einen horizontalen Temperaturgradienten von circa 3...5 K/m im Bereich der Kernzone. Beim Auftreten der baroklinen Wellen ist dieser um ein Vielfaches höher. Dies führt zu der Annahme, dass bei einem Gradienten von mehr als 50 K/m (Faktor 10 gegenüber der axialsymmetrischen Strömung) eine Welle vorhanden ist. Aus diesem Grund findet

$$\psi_{\mathrm{T50}} \;=\; \min\left(50\,\mathrm{K/m}, |\nabla_\mathrm{h}\, T|\right) \;=\; \min\left(50\,\mathrm{K/m}, \sqrt{(\partial_x T)^2 + (\partial_y T)^2}\right) \qquad (6.7)$$

als weiteres Kriterium Anwendung. Die erreichte Verteilung der Monitorfunktion ω für die zuvor genannten drei Höhen ist in Abbildung 6.10 zu sehen.

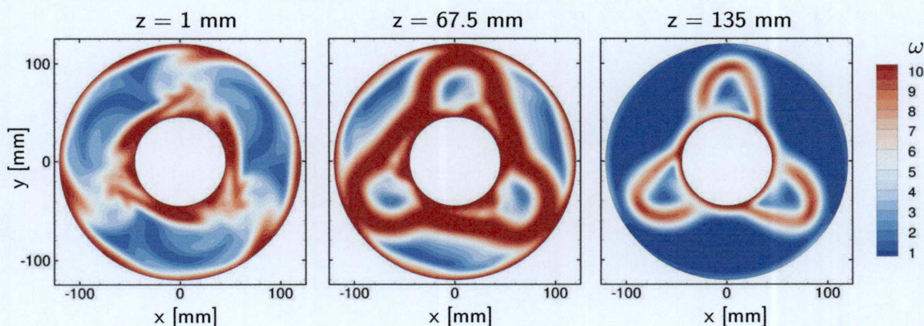

Abbildung 6.10.: Monitorfunktion im ersten adaptiven Zeitschritt unter Verwendung von ψ_{T50} für verschiedene Höhen: $z = 1\,\mathrm{mm}$ (links), $z = 67.5\,\mathrm{mm}$ (mitte), $z = 135\,\mathrm{mm}$ (rechts).

Die Wellenstruktur kann mit diesem Kriterium gut erfasst werden, so dass eine deutliche Anpassung erwartet wird.

Baroklinität der Strömung. Im Abschnitt 6.1 wurde auf die barokline Instabilität als grundlegenden physikalischen Mechanismus in der vorliegenden Konfiguration eingegangen. Dabei wurde die Neigung des Druck- gegen den Dichtegradienten als charakteristische Eigenschaft erläutert. Dieser barokline Zustand ist im rotierenden Zylinderspalt besonders in den Randzonen vorzufinden [80], während in der Kernzone ein eher barotroper Zustand vorherrscht. Mit Hilfe der Boussinesq-Approximation (6.3) kann der Dichtegradient mit jenem der Temperatur gleichgesetzt werden, so dass sich als Kriterium

$$\psi_{\mathrm{b}} = |\nabla_{\mathrm{h}} T \times \nabla_{\mathrm{h}} p| \tag{6.8}$$

ergibt. Dabei ist dieses Kriterium nicht nur dort groß, wo barokline Verhältnisse herrschen, sondern ebenfalls dort, wo zusätzlich einer der beiden Gradienten sehr groß ist. Die daraus folgende Verteilung der Monitorfunktion ist in Abbildung 6.11 dargestellt und lässt nur im Bereich der Deckfläche nahe dem Innenrand hohe Werte als Ansatzpunkt für die Gitterverfeinerung erkennen.

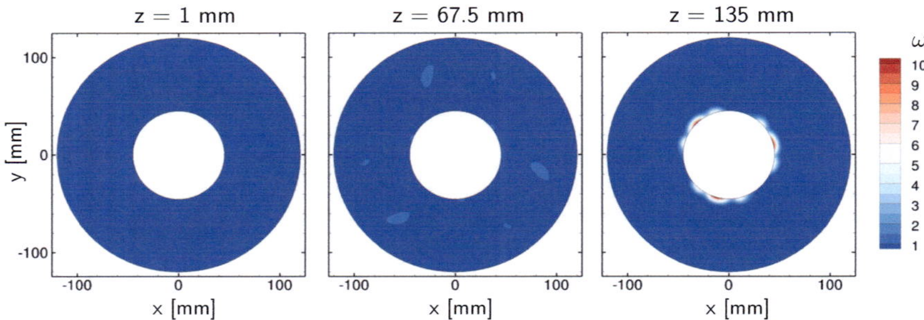

Abbildung 6.11.: Monitorfunktion im ersten adaptiven Zeitschritt unter Verwendung von ψ_{b} für verschiedene Höhen: $z = 1\,\mathrm{mm}$ (links), $z = 67.5\,\mathrm{mm}$ (mitte), $z = 135\,\mathrm{mm}$ (rechts).

Gradient des Geschwindigkeitsbetrages. Ist die Rotationsrate hinreichend groß, so wird der kritische Punkt überschritten und es kommt zur Ausbildung der Wellenströmung, welche den konvektiven Wärmetransport erhöht. Die Dynamik dieser Wellenströmung ist also ebenfalls von Interesse und kann mit dem Betrag des Gradienten des Geschwindigkeitsbetrages in der Form

$$\psi_{\mathrm{g}} = |\,\nabla|\boldsymbol{u}|\,| \tag{6.9}$$

erfasst werden. Die Geschwindigkeiten im rotierenden System sind auch für den konvektiven Wärmestrom in der Kernzone relevant. Da sich dieser mit der Wärmeleitung an den Wänden ausgleichen muss, beeinflusst dieses Kriterium ebenfalls die Wiedergabe des Wärmetransports im Zylinderspalt. Das Kriterium selbst zeigt schwach die Struktur der Welle, besonders im Bereich der freien Oberfläche, siehe Abbildung 6.12.

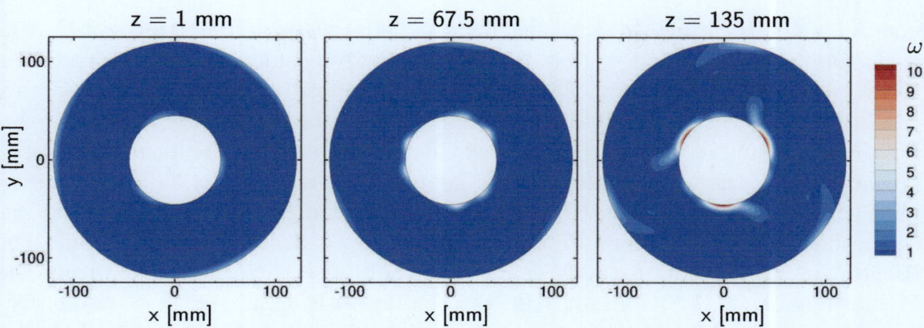

Abbildung 6.12.: Monitorfunktion im ersten adaptiven Zeitschritt unter Verwendung von ψ_g für verschiedene Höhen: $z = 1\,\text{mm}$ (links), $z = 67.5\,\text{mm}$ (mitte), $z = 135\,\text{mm}$ (rechts).

6.5. Prozedur und Parameter der Adaption

6.5.1. Adaptive Prozedur und Einstellungen

Die im vorigen Abschnitt eingeführten Kriterien zeigen ein dreidimensionales Feld für die Zielgröße, da in keiner Richtung eine räumliche und zeitliche Mittelung erfolgt. Entsprechend erfolgt eine quasi-dreidimensionale Adaption. In jeder z-Ebene kann sich das Gitter individuell bewegen. Die vertikale z-Koordinate bleibt jedoch unverändert. Diese Limitierung der Bewegung wurde zur Vermeidung einer zu starken Deformation der einzelnen Zellen angewandt, um ein funktionsfähiges numerisches Schema sicherzustellen. Beispielsweise ist die Genauigkeit der Interpolation auf die Seitenflächen einzelner Größen für stark verzerrte Zellen fraglich. Um die Entkopplung der einzelnen Gitterebenen in vertikaler Richtung zu vermeiden, erfolgt die Glättung der Monitorfunktion ω auch in z-Richtung mit der gleichen Anzahl an Zyklen wie in x- und y-Richtung.

Die Adaption erfolgt hier im Gegensatz zur turbulenten Strömung über periodische Hügel in jedem Zeitschritt, wobei kein finales Gitter angestrebt wird, sondern die kontinuierliche Anpassung des Gitters an die Wellenströmung. Dies zeigt die Herausforderung der vorliegenden Konfiguration: Das Zusammenspiel der Adaption mit der physikalischen Lösung, ohne durch zu starke Gitteranpassung innerhalb des Zeitschrittes die numerische Stabilität des Lösers zu gefährden, aber dennoch eine größtmögliche Anpassung entsprechend dem eingesetzten Kriterium zu erreichen.

Die Adaption selbst erfolgt über eine Zeitspanne, die sowohl die anfängliche Anpassung an das Kriterium gewährleistet als auch mehrere Umläufe der Welle abdeckt, um die Driftrate c_d zuverlässig bestimmen zu können. Dabei wird zur Berechnung ein Zeitsignal von $1000\,\text{s}$ physikalischer Zeit ausgewertet. Aufgrund der Verformung des Gitters wird dabei stets die gesamte betreffende Ebene erfasst und entsprechend auf einen definierten ortsfesten Punkt interpoliert. Da die Temperaturspanne bei $z = 100\,\text{mm}$ deutlich größer ist als an der freien Oberfläche, wurde diese Höhe für die Auswertung gewählt.

Als Ausgangspunkt für die Adaption wurde ein entsprechend grobes Gitter mit $N_r \times N_\varphi \times N_z = 44 \times 149 \times 77$ Gitterpunkten eingesetzt mit Äquidistanz in radialer und in Umfangsrichtung. In vertikaler Richtung erfolgt eine Verfeinerung zur Bodenfläche ähnlich dem Verlauf in Abb. 6.3 (rechts) zur Auflösung der dort auftretenden Geschwindigkeitsgrenzschicht. Die vorliegende Geometrie würde, unabhängig vom gewählten Kriterium, aufgrund der vorhandenen Krümmung stets zu einer ungewollten Bewegung in Richtung des Innenzylinders führen. Zur Kompensation dieser krümmungsinduzierten Gitterbewegung kommt die im Abschnitt 5.3.4 diskutierte Methode der multiplikativen Überlagerung der Monitorfunktion zum Einsatz. Dabei wird im Falle eines ungestörten Kriteriums $\omega_\mathrm{u} = const.$ Äquidistanz in allen Richtungen angestrebt. Anstelle der nur mit Hilfe des Kriteriums ψ bestimmten Monitorfunktion ω (3.8) wird die MMPDE nun für die Kombination $\tilde{\omega} = \omega\, \omega_\mathrm{M}$ gelöst. Der geometrische Anteil ist mit $\omega_\mathrm{M}(r) = C\, r$ für die vorliegende Geometrie definiert, wobei für den Annulus $C = 1/r_\mathrm{i}$ gesetzt wurde, um Werte $\tilde{\omega} < 1$ zu vermeiden, siehe Abschnitt 3.2. Es ist nur in radialer Richtung eine Korrektur zu setzen, da die Umfangsrichtung im Falle einer ungestörten Monitorfunktion ω_u bereits Äquidistanz anstrebt.

Für die Lösung der MMPDE der Zellmittelpunkte wurde in Analogie zu den Simulationen im Kapitel 4 die Interpolationsmethode, basierend auf den Seitenhalbierenden MI mit einem Faktor $\lambda = 0.95$, angewandt.

6.5.2. Zeitskala der Adaption

Für die Steuerung der Zeitskala und der Stärke der Adaption dienen die Parameter τ in der MMPDE (3.7) und α in der Monitorfunktion (3.8). Im Rahmen der instationären Adaption stellt sich die Frage, ob die Bewegung der Welle relativ zum Zylinderspalt hinreichend langsam ist, um ein quasi-stationäres Gitter zu erreichen. Wobei quasi-stationär in diesem Fall ein mit der Driftgeschwindigkeit c_d mitlaufendes Gitter, das sich anderweitig nicht mehr ändert, bezeichnet. In diesem Fall würde die Wahl von τ keine große Rolle mehr spielen, da es bei entsprechender Modifikation nur länger bzw. kürzer dauert, bis sich dieses stationäre Gitter einstellt. Um dies zu prüfen, wurden die beiden Kriterien ψ_T und ψ_T50 untersucht. Der horizontale Temperaturgradient als Kriterium ψ_T weist dabei eine nahezu stationäre Verteilung auf, während die modifizierte Variante ψ_T50 die Wellenbewegung widerspiegelt. Für diese Untersuchungen wurde $\alpha = 100$ und die Anzahl der Zeitschritte mit $N_T = 30,000$ für alle Rechnungen gleich eingestellt. Für die Zeitskala wurde $\tau \in [5.0, 2.0, 1.0, 0.5, 0.2, 0.1, 0.05, 0.02, 0.01]$ gesetzt, da sich nach ersten Testrechnungen ein häufiges Divergieren der Simulationen für kleine Werte von τ, verglichen mit jenen im Kapitel 4, zeigte. Dazu wurde zur Einschätzung der Güte der erreichten Gitter aller 50 s Simulationszeit die Nu-Zahl bestimmt und es wurde die Bewegung einzelner Gitterpunkte aufgezeichnet.

Zielgröße ψ_T. Mit der Absenkung von τ zeigt sich ein Schwellwert, ab dem die erreichte Lösung unveränderlich ist. Die erzielten Nu-Zahlen sowie die erreichte Simulationszeit (bei einheitlich eingestellter Anzahl von Zeitschritten) sind in Tabelle 6.3 zusammengestellt. Es zeigt sich, dass mit zunehmender Schnelligkeit der Adaption die Zeitschrittweite drastisch reduziert wird.

Die Bewegung eines Gitterpunktes, der sich auf der Deckfläche bei $z = 135$ mm und $r = 82.5$ mm am Beginn der adaptiven Simulation befand, ist in Abbildung 6.13

τ	Init	1.0	0.5	0.2	0.1	0.05	0.02	0.01
Nu	18.01	17.69	17.66	17.42	17.33	17.30	17.26	17.25
$\overline{\Delta t}$ [ms]	59.2	44.2	39.2	31.7	27.4	24.8	23.0	22.3
ε_{t} [%]		-25.3	-33.9	-46.5	-53.7	-58.2	-61.2	-62.3

Tabelle 6.3.: Studie mit ψ_{T} als Kriterium und Variation von τ. Größen: Nusselt-Zahl Nu, über 10,000 Zeitschritte gemittelte Zeitschrittweite Δt und die relative Änderung ε_{t} gegenüber dem Zeitschritt auf stationärem Gitter (Init).

dargestellt.

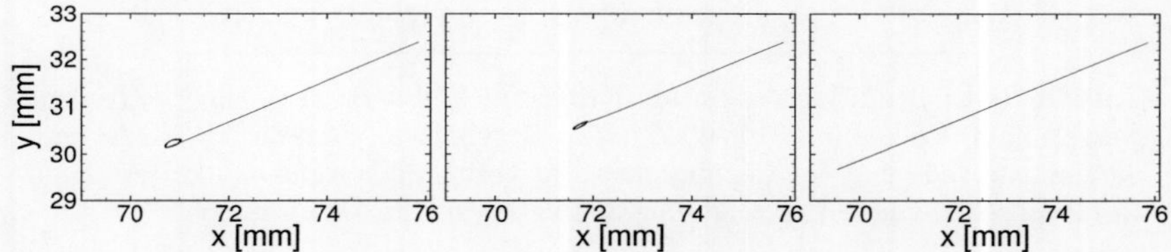

Abbildung 6.13.: Studie zur Zeitskala der MMPDE mit ψ_{T} als Kriterium. Bewegung eines Punktes bei $r = 82.5\,\mathrm{mm}$ und $z = 135\,\mathrm{mm}$ am Beginn der Adaption: $\tau = 0.01$ (links), $\tau = 0.1$ (mitte), $\tau = 1.0$ (rechts).

Für große Werte von τ erfolgt erwartungsgemäß die rein radiale Bewegung zum Mittelpunkt des Zylinders. Es zeigt sich aber auch in Abbildung 6.13, dass mit schnellerer Adaption eine schwache Wiedergabe der durchlaufenden Welle für dieses Kriterium zu erkennen ist. Das Gitter bleibt ab einem Schwellwert $\tau \leq 0.02$ unverändert. Bereits für die Werte $\tau = 0.1$ und $\tau = 0.01$ sind kaum Unterschiede im erreichten Gitter zu erkennen, siehe Abbildung 6.14.

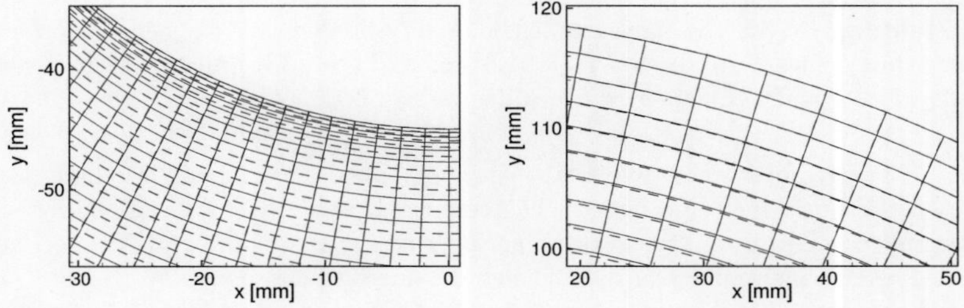

Abbildung 6.14.: Vergleich der Gitter anhand ψ_{T} während der Adaption bei $t = 650\,\mathrm{s}$ für $\tau = 0.1$ (schwarz durchgehend) und $\tau = 0.01$ (rot gestrichelt).

Periodische Zielgröße ψ_{T50}. Die Beschleunigung der Adaption durch ein Absenken von τ zeigte bei Werten von $\tau \leq 0.2$ eine instabile Lösung mit einem nicht verwertbaren Geschwindigkeits- und Temperaturfeld. Deutlich kleiner Werte führten zur sofortigen Divergenz der Simulation. Der beim vorigen Kriterium gefundene Schwellwert für eine τ-unabhängige Lösung kann in diesem Fall nicht erreicht werden. Dies wurde auch bei weiteren Kriterien, die die Wellenstruktur teilweise oder vollständig wiedergeben, festgestellt. Aufgrund der auftretenden Instabilitäten wurden zusätzlich ebenfalls die Fälle $\tau = 2.0$ und $\tau = 5.0$ untersucht. Die erzielten Ergebnisse sind in Tabelle 6.4 zusammengestellt.

τ	Init	5.0	2.0	1.0	0.5	$0.2^{\#}$
Nu	18.01	15.57	16.35	17.22	18.01	18.82
$\overline{\Delta t}$ [ms]	59.2	43.9	41.4	43.9	46.7	41.4
ε_t [%]		-25.9	-30.1	-25.8	-21.1	-30.1

Tabelle 6.4.: Studie mit ψ_{T50} als Kriterium und Variation von τ. Größen: Nusselt-Zahl Nu, die über 10,000 Zeitschritte gemittelte Zeitschrittweite Δt und die relative Änderung ε_t gegenüber dem Zeitschritt auf stationärem Gitter (Init). Die Kennzeichnung mit # zeigt eine Simulation mit Instabilitäten an.

Große Werte für τ führten zu einem verminderten Ansprechen des Gitters auf die durchlaufende Welle, deutlich zu sehen in der Bewegung eines Gitterpunktes auf der Deckfläche bei $r = 82.5$ mm am Beginn der Adaption, dargestellt in Abbildung 6.15.

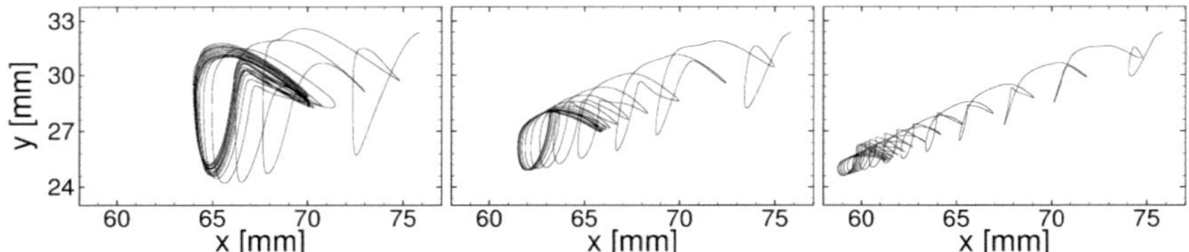

Abbildung 6.15.: Vorstudie zur Zeitskala der MMPDE mit ψ_{T50} als Kriterium. Bewegung eines Punktes bei $r = 82.5$ mm und $z = 135$ mm am Beginn der Adaption: $\tau = 0.5$ (links), $\tau = 1.0$ (mitte), $\tau = 2.0$ (rechts).

Das Gitter strebt zwar für alle drei τ-Werte in Abbildung 6.15 ein periodisch stationäres Gitter an, jedoch sind diese nicht übereinstimmend. Je stärker die periodische Bewegung der Gitterpunkte ist, desto geringer ist die Bewegung zur Zylinderinnenwand. Für eine langsame Adaption spielen die durchgehend hohen Werte von ω am Innenrand anscheinend die dominierende Rolle. Schlussendlich führte auch $\tau = 5.0$ nach mehreren Umläufen der Welle zur Divergenz. Hier führt die starke Bewegung zum Innenzylinder zu einer deutlichen Verschlechterung der Seitenverhältnisse der Zellen und somit zur Divergenz des numerischen Verfahrens.

Für die finale Wahl der Parameter der adaptiven Simulationen mit beliebigem Kriterium muss die Abhängigkeit der erzielten Gitter von τ durchaus berücksichtigt werden, da im vorliegenden Testfall im Allgemeinen die numerische Instabilität vor dem Erreichen eines τ-unabhängigen Gitters erfolgt.

6.5.3. Parameter der MMPDE

Für die Wahl der Parameter α und τ wurde das aus Sicht der stattfindenden Adaption anspruchsvolle Kriterium ψ_{T50} angewandt. Die bisherige Parameterkombination von $\tau = 0.01$ und $\alpha = 100$ der turbulenten Hügelströmung im Kapitel 4 führt hier zur Divergenz der Lösung, da die Gitterbewegung innerhalb eines Zeitschrittes zu groß ist. Entsprechend werden Parameterkombinationen mit verminderten Gradienten bzw. verlangsamter Adaptionsgeschwindigkeit getestet.

Variation von α. Bei $\tau = 0.1$ wurden Werte von $\alpha \in [10, 25, 50, 100^{\#}]$ getestet, wobei bei # bereits eine leichte Instabilität des physikalischen Feldes auftrat. Für alle Kombinationen wurden adaptive Simulationen mit $N_T = 1500$ Zeitschritten durchgeführt, wobei für die 500 letzten die mittlere Zeitschrittweite $\overline{\Delta t}$ ermittelt wurde. Die relative Abweichung ε_{t} mit Bezug zur Zeitschrittweite der Simulation auf unbewegtem Gitter (Init) ist ebenfalls in Tabelle 6.5 aufgenommen.

α	Init	10	25	50	100
$\overline{\Delta t}$ [ms]	59.2	51.4	44.4	37.4	31.6
ε_{t} [%]		-13.1	-25.0	-36.8	-46.6

Tabelle 6.5.: Variation von α zur Steuerung der Gradienten der Monitorfunktion mit $\tau = 0.1$ und ψ_{T50} als Kriterium. Größen: erreichte mittlere Zeitschrittweite $\overline{\Delta t}$ und der relative Fehler ε_{t} gegenüber dem Zeitschritt auf stationärem Gitter (Init).

Es zeigt sich eine starke Reduktion der Zeitschrittweite für steigende α-Werte, bis $\overline{\Delta t}$ nahezu halbiert ist, was eine deutliche Erhöhung der CPU-Zeit für eine gleichbleibende Simulationszeit der Spaltströmung zur Folge hat. Eine Illustration des Einflusses von α auf das Gitter ist in Abbildung 6.16 für die Verteilung nach 1500 Adaptionen an der freien Oberfläche zu sehen. Die deutlich schwächer ausgebildeten

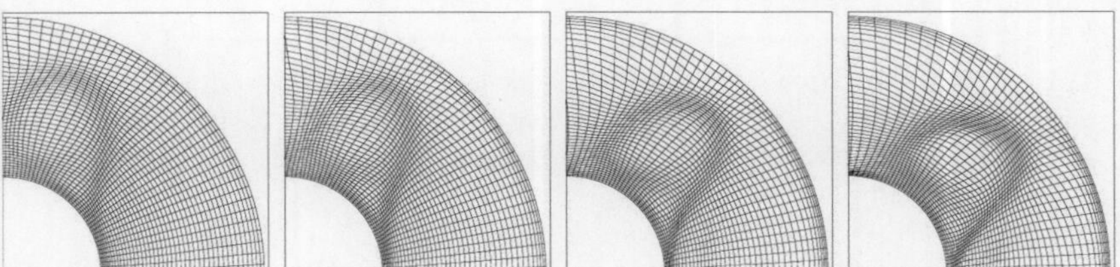

Abbildung 6.16.: Parameterstudie der Adaption anhand ψ_{T50} mit Variation von α im Annulus. Von links nach rechts: $\alpha = 10, 25, 50, 100$ bei $\tau = 0.1$. Dargestellt ist 1/4 des Gitters bei $z = 135\,\mathrm{mm}$ nach 1500 Adaptionen.

Gradienten der Monitorfunktion für $\alpha = 10$ bewirken eine verminderte Adaption.

Für $\alpha = 100$ sind starke Verfeinerungen mit teilweise deutlich gescherten Zellen zu erkennen, die die Ursache für die auftretende numerische Instabilität dieser Rechnung sein können.

Um eine möglichst stabile Simulation zu gewährleisten und nahe an den in der Literatur [14, 57] genannten Werten für α zu bleiben, wird $\alpha = 25$ mit $\tau = 0.1$ als erste Parameterkombination P25 festgelegt.

Variation von τ. Für $\alpha = 100$ wurden verschiedene Werte von $\tau \in [1.0, 0.5, 0.2^{\#}, 0.1^{\#}, 0.01^{*}, 0.001^{*}]$ getestet. Dabei steht $*$ für Rechnungen, die nach wenigen Zeitschritten divergiert sind, und # wieder für physikalisch instabile Ergebnisse. Um die Unterschiede im erzielten Gitter deutlich zu machen, wurde auch für diese beiden Fälle das Gitter nach 1500 Adaptionen in Abbildung 6.17 aufgenommen. Es zeigt

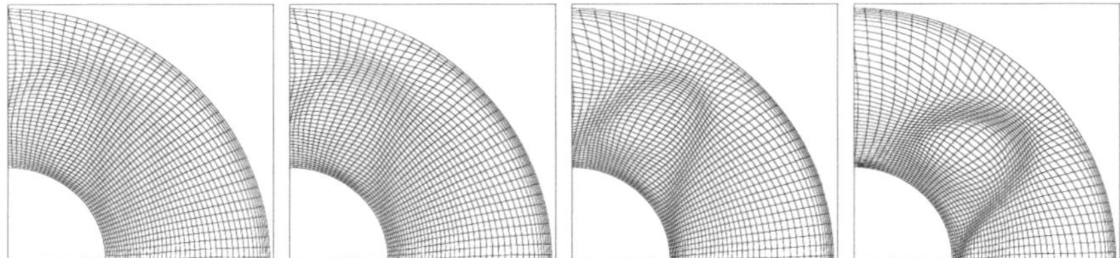

Abbildung 6.17.: Parameterstudie der Adaption anhand ψ_{T50} mit Variation von τ im Annulus. Von links nach rechts: $\tau = 1.0, 0.5, 0.2, 0.1$ bei $\alpha = 100$. Dargestellt ist 1/4 des Gitters bei $z = 135\,\mathrm{mm}$ nach 1500 Adaptionen.

sich, dass nur eine deutlich verminderte Gitteradaption ohne Verlust der numerischen Stabilität der Rechnung erreicht werden kann. Da $\tau = 0.5$ keine deutlich kleinere Zeitschrittweite ergab als der größte untersuchte Wert, siehe Tabelle 6.6, und die Adaption stärker ausgebildet ist, wird diese Kombination als zweiter Parametersatz P100 eingesetzt.

τ	Init	1.0	0.5	0.2	0.1
$\overline{\Delta t}$ [ms]	59.2	53.6	52.0	44.4	31.6
ε_{t} [%]		-9.5	-12.2	-25.0	-46.6

Tabelle 6.6.: Variation von τ zur Steuerung der Gradienten der Monitorfunktion mit $\alpha = 100$ und ψ_{T50} als Kriterium. Größen: erreichte mittlere Zeitschrittweite $\overline{\Delta t}$ und der relative Fehler ε_{t} gegenüber dem Zeitschritt auf stationärem Gitter (Init).

Es werden hier im Gegensatz zur Hügelströmung zwei Parameterkombinationen festgelegt, da diese jeweils eine schnellere Adaption (P25) bzw. größere Gradienten der Monitorfunktion (P100) in den Vordergrund stellen.

6.6. Ergebnisse der instationären Adaption

6.6.1. Gitterbewegung während der Adaption

Für die vier im Abschnitt 6.4 vorgestellten Kriterien wurden die Parameterkombinationen P25 und P100 getestet. Die während der Adaption beobachtete Bewegung lässt sich hinsichtlich des zu einem bestimmten Zeitpunkt vorliegenden Gitters und der zeitlichen Bewegung einzelner Gitterpunkte unterscheiden. Bei der Bewegung des Gitters ist zu beachten, dass sich jede der horizontalen Ebenen individuell bewegen kann. Durch die Glättung der Monitorfunktion in vertikaler Richtung konnte jedoch effektiv die Entkopplung der einzelnen Ebenen verhindert werden. In Abbildung 6.18 sind die angepassten Gitter bei $t = 1000\,\mathrm{s}$ physikalischer Zeit an der Deckfläche ($z = 135\,\mathrm{mm}$) zu sehen. Diese wurde gewählt, da sich hier bei allen Kriterien die größten Werte der Monitorfunktion zeigten und damit die stärkste Anpassung des Gitters erfolgt. Dazu ist jeweils rechts in Abb. 6.18 die Bewegung eines Punktes auf der Deckfläche zu sehen, der zu Beginn der Bewegung bei $r = 82.5\,\mathrm{mm}$ situiert war. Aus Gründen der Anschaulichkeit wurden für ψ_T, ψ_g und ψ_b die x-Koordinaten der P100-Parameterkombination um $\Delta x = 2\,\mathrm{mm}$ verschoben.

Prinzipiell können für die beiden Parameterkombinationen der jeweiligen Zielgröße ähnliche Gitter festgestellt werden, wobei das Kriterium P100 mit einer langsameren Adaption eine deutlich stärker gerichtete Bewegung zum Innenzylinder zeigt. Dies ist darin begründet, dass alle Kriterien grundsätzlich hohe Werte für die Monitorfunktion ω am Innenrand aufweisen. Erwartungsgemäß lässt der horizontale Temperaturgradient als Kriterium ψ_T (6.6) für langsame Adaption (P100) keine periodische Bewegung erkennen, siehe Abb. 6.18(c). In Analogie zu der Studie im Abschnitt 6.5.2 lässt sich für schnellere Adaption (P25) eine leichte Periodizität erkennen, jedoch deutlich schwächer als die übrigen untersuchten Kriterien bei P25.

Als einziges Kriterium mit deutlicher Detektion der Welle wurde die Modifikation des horizontalen Temperaturgradienten $\psi_{\mathrm{T}50}$ untersucht. Die Wellenstruktur ist in den erzielten Gittern deutlich zu erkennen, wobei wiederum die P25-Variante eine stärkere Adaption bewirkte. Jedoch zeigte sich bei dieser schnellen Anpassung keine ortsfeste periodische Bewegung der Gitterpunkte, sondern ein zusätzliches Mitlaufen des Gitters in Umfangsrichtung, siehe Abb. 6.18(f). Zu beachten ist die deutlich unterschiedliche Skalierung von Abb. 6.18(f) gegenüber den anderen Kriterien, da bei diesem Kriterium ein vielfach größerer Bewegungsradius ausgeschöpft wurde. Die Bewegung des Punktes für P25 in Umfangsrichtung ist jedoch klein, verglichen mit der Driftgeschwindigkeit c_d der Welle, die bei $t = 1000\,\mathrm{s}$ bereits drei- bis viermal um den Annulus gelaufen ist.

Auf Grundlage des Geschwindigkeitsvektors wurde ψ_g (6.9) gebildet. Entsprechend der Verteilung der Monitorfunktion in Abbildung 6.12 zeigt sich eine starke Adaption nahe dem Innenrand mit dem Ansatz der Wellenstruktur. Aufgrund der zwar gering ausgeprägten, aber vorhandenen Erfassung der Welle kann für dieses Kriterium neben $\psi_{\mathrm{T}50}$ die stärkste periodische Bewegung der Gitterpunkte festgestellt werden, siehe Abb. 6.18(i).

Die Baroklinität ψ_b (6.8) zeigt als einziges Kriterium am Innenrand keine einheitliche Verdichtung der Gitterpunkte, da dieses Kriterium dort bereits nur punktuell hohe Werte anzeigt, siehe Abb. 6.11. Während für P25 noch eine ortsfeste periodische

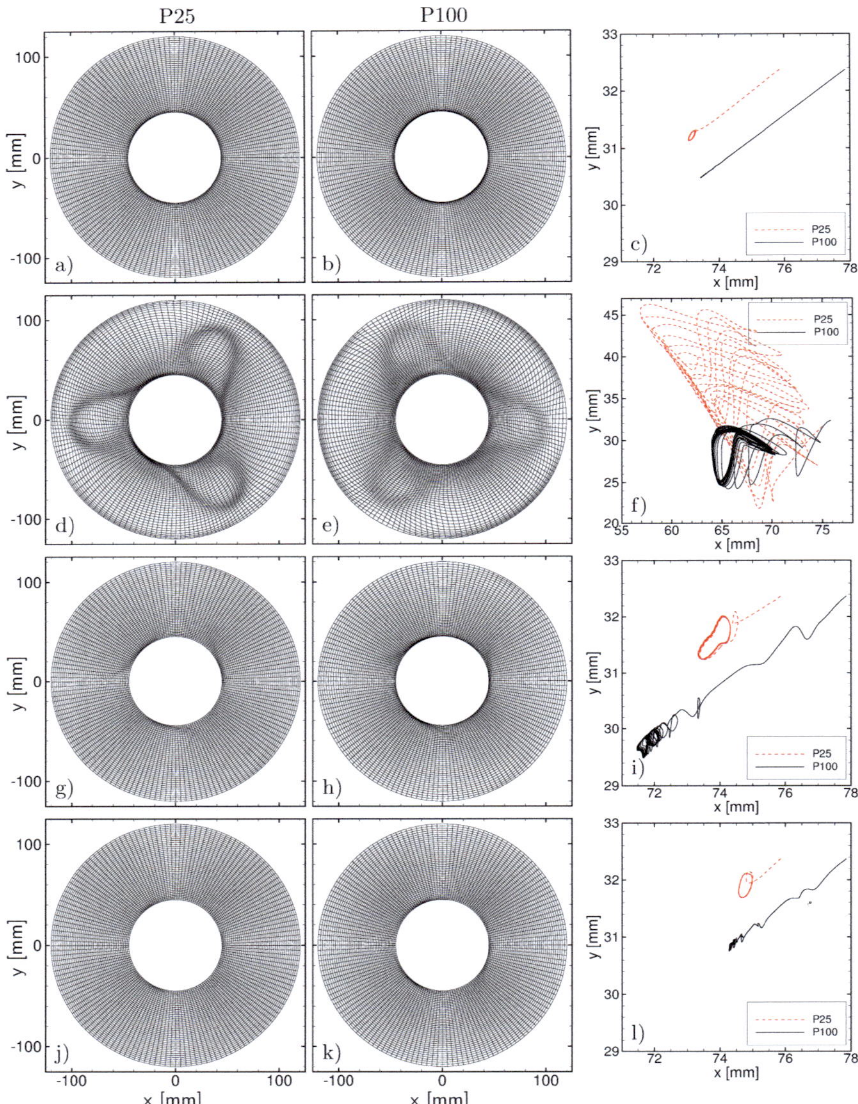

Abbildung 6.18.: Gitter der Deckfläche zum Zeitpunkt $t = 1000\,s$ (P25 links, P100 mitte) und Bewegung eines Punktes, der am Beginn der Adaption auf dem mittleren Radius der Deckfläche situiert war (rechts). Kriterien: (a-c) Horizontaler Temperaturgradient ψ_{T}, (d-f) Modifizierter horizontaler Temperaturgradient ψ_{T50}, (g-i) Betrag des Gradienten des Geschwindigkeitsbetrages ψ_{g}, (j-l) Baroklinität ψ_{b}.

Bewegung festgestellt werden kann, erfolgt für P100 eine nahezu radial gerichtete Bewegung zum Zylinder.

6.6.2. Dynamik und Wärmeübergang

Neben den ermittelten Gittern ist die Bestimmung der Strömungsgrößen und des Wärmetransportes von großer Relevanz. Die Startlösung auf dem in radialer und Umfangsrichtung äquidistanten Gitter zeigt bereits eine gute Übereinstimmung mit dem Drift der Welle, siehe Tabelle 6.7. Der konvektive Wärmetransport wird jedoch deutlich überschätzt, die Nu-Zahl ist größer als in der Referenzsimulation. Da sich die konvektive Wämeleitung in der Kernzone des Zylinderspaltes mit der Wämeleitung nahe den Wänden ausgleichen muss, wirkt sich deren Überschätzung auch auf den konvektiven Transport aus. Daher ist die zu hohe Nu-Zahl auch in der Überschätzung der in Umfangsrichtung gemittelten Geschwindigkeit in φ-Richtung u_φ zu erkennen, siehe Abbildung 6.20.

Während der adaptiven Simulation wurde im Abstand von 50 s Simulationszeit die Nu-Zahl (6.5) bestimmt. Diese sind in Abbildung 6.19 dargestellt. Es fällt auf, dass

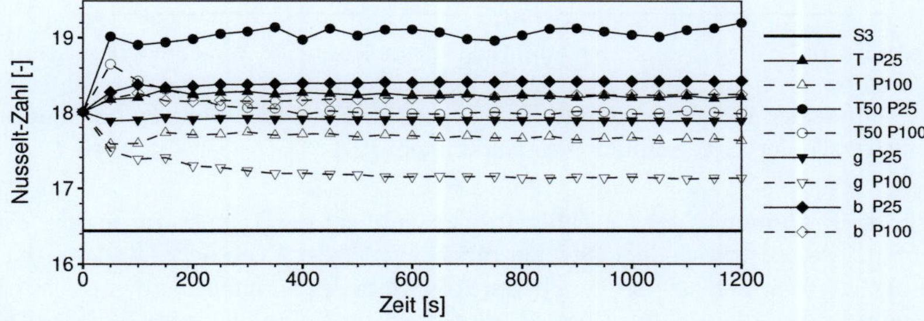

Abbildung 6.19.: Nusselt-Zahl Verlauf für adaptive Simulationen mit den Parmeterkombinationen P25 und P100. Kriterien: (T) ψ_T, (T50) ψ_T50, (g) ψ_g, (b) ψ_b.

die Parameterkombinationen P100 (leere Symbole) mit stärkerer Gitterbewegung zum Innenzylinder jeweils bessere Nu-Zahlen wiedergeben als die P25-Kombinationen (ausgefüllte Symbole). Die Bewegung in Richtung des Zylinders ist jedoch nicht in jedem Fall ein Garant für die Verbesserung der Simulation des Wärmetransports, siehe beispielsweise P100 von ψ_b. Die Anwendung von ψ_T50 mit Erfassung und Verfolgung der baroklinen Welle zeigt für die P25-Kombination keine konstante Nu-Zahl-Verteilung. Dies ist jene Simulation mit der bereits auffälligen Punktbewegung in Umfangsrichtung, Abbildung 6.18(f). Es zeigt sich hierbei, dass die physikalische Simulation aufgrund der großen Gitterbewegungen instabil wird und eine ungewollte Amplitudenschwankung der Welle auftritt, welche eine schwankende Nu-Zahl zur Folge hat. Die betreffende Rechnung wird aufgrund dieser Instabilitäten für weitere Auswertungen nicht mehr berücksichtigt. Die P100-Variante von ψ_T50 mit der ebenfalls deutlich sichtbaren periodischen Bewegung des Gitters zeigt im Gegensatz dazu eine sinnvolle physikalische Lösung. Jedoch hat die Verfolgung der Welle keinen Einfluss auf die Verbesserung des Wärmetransports.

Die deutlichste Verbesserung kann für das Kriterium ψ_g erzielt werden, jener Gitterbewegung, die am stärksten in Richtung Zylinder orientiert ist und damit die kleinsten radialen Zellabmessungen am Innenrand zur Folge hat. Die nach $t = 1000\,\mathrm{s}$ ermittelten Werte der Nusselt-Zahl sind in Tabelle 6.7 zusammengestellt.

QoI	Kürzel	τ	α	Nu [-]	ε_N [%]	c_d [rad/s]	ε_d [%]
Init				18.01	9.5	0.0234	2.6
ψ_T	P25	0.1	25	18.20	10.7	0.0223	-2.2
	P100	0.5	100	17.62	7.2	0.0228	0.0
ψ_{T50}	P100	0.5	100	18.00	9.5	0.0226	-0.9
ψ_g	P25	0.1	25	17.89	8.8	0.0237	3.9
	P100	0.5	100	17.13	4.2	0.0232	1.8
ψ_b	P25	0.1	25	18.43	12.1	0.0235	3.1
	P100	0.5	100	18.26	11.1	0.0222	-2.6

Tabelle 6.7.: Ergebnisse der adaptiven Simulation für verschiedene Parameterkombinationen. Ermittelte Nusselt-Zahlen Nu und deren relativer Fehler ε_N gegenüber der Referenzsimulation S3 sowie der Drift der Welle c_d und dessen relativer Fehler ε_d gegenüber dem Experiment [61].

Für die Bestimmung der Nu-Zahl wird der Gradient der Temperatur an der Wand benötigt. Dieser ist besonders hoch am Innenzylinder der Deckfläche. Änderungen im konvektiven Wärmetransport im oberen Abschnitt des Annulus werden deshalb als besonders günstig hinsichtlich ihrer Wirkung auf die Nu-Zahl eingeschätzt. In Abbildung 6.20 ist für drei Schnitte in den Höhen 50 %, 80 % und 100 % die dominierende Geschwindigkeitskomponente in Umfangsrichtung u_φ aufgetragen. Dabei wurde die Geschwindigkeit in Umfangsrichtung gemittelt. Um dies für die adaptierten und damit beliebig verformten Gitter zu ermöglichen, wurden die Größen auf ein Gitter gleicher Zellenzahl interpoliert, welches eine einfache Mittelung in φ zulässt.

Entsprechend den ermittelten Nu-Zahlen zeigen die P100-Varianten stets eine Verbesserung der gemittelten Azimutalgeschwindigkeit gegenüber der P25-Variante. Während sich für die Simulationen mit den Kriterien ψ_T, ψ_g und ψ_b im Prinzip nur das Niveau der Kurven verändert, kann für die Adaption nach ψ_{T50} eine Veränderung der Verläufe beobachtet werden. Diese bewirken jedoch in ihrer Summe keine signifikante Änderung der Nu-Zahl.

Das Kriterium, das auf dem Gradienten des Betrag der Geschwindigkeit ψ_g basiert, lässt eine Verbesserung der Geschwindigkeiten erwarten. Dies wird mit den gezeigten Kurven in Abbildung 6.20 bestätigt. Gerade im Bereich der Deckfläche kann für die P100-Kombination eine deutliche Annäherung an die S3-Lösung erzielt werden, welche die Verbesserung der Nu-Zahl belegt. Als einziges Kriterium der P25-Kombination kann für ψ_g ebenfalls eine leichte Annäherung an die S3-Lösung für die mittlere Geschwindigkeit u_φ erzielt werden. Entsprechend weist diese Kombination auch eine Verbesserung der Nu-Zahl auf.

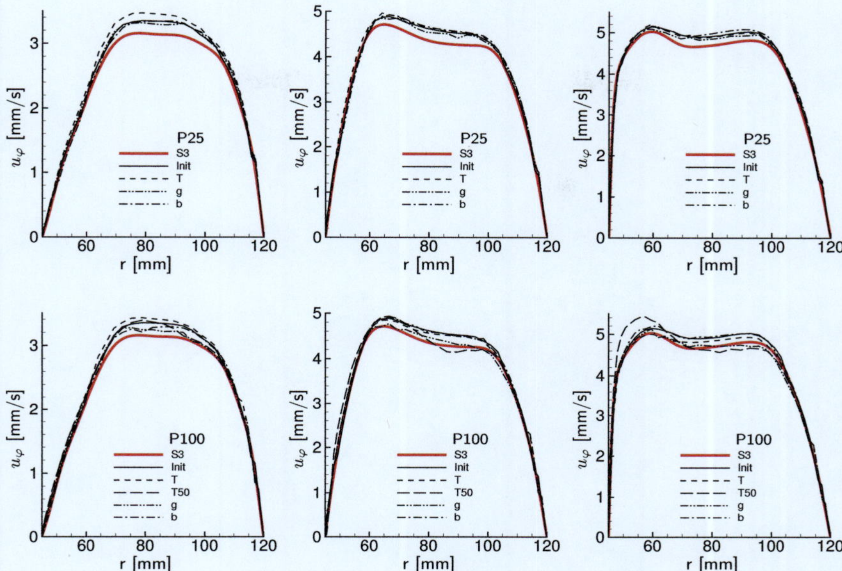

Abbildung 6.20.: Umfangsgemittelte Azimutalgeschwindigkeit u_φ der adaptiven Simulationen im Vergleich zur Simulation S3 und dem Ergebnis auf dem Anfangsgitter (Init) für verschiedene Höhen: $z = 67.5$ mm (links), $z = 108$ mm (mitte), $z = 135$ mm (rechts). Kriterien: (T) ψ_T, (T50) ψ_T50, (g) ψ_g, (b) ψ_b.

Der Drift c_d der Welle wurde bereits von der Rechnung auf dem Ausgangsgitter gut wiedergegeben, wodurch sich die Anforderung stellt, diese Größe in den adaptiven Simulationen ähnlich gut oder, wenn möglich, besser wiederzugeben. Alle untersuchten Kriterien und Parametervarianten zeigen ähnlich gute Ergebnisse mit Maximalabweichungen von 3.9 %. Überraschenderweise treten die größten Abweichungen für die Adaption anhand des Kriteriums ψ_g auf, welches auf dem Geschwindigkeitsvektor selbst beruht. Dabei ist zu bemerken, dass die Driftgeschwindigkeit c_d der Welle nicht identisch ist mit einer der Komponenten von $\boldsymbol{u}$. Insgesamt kann festgestellt werden, dass die Änderungen von c_d durch die verschiedenen Kriterien deutlich geringer ausfallen als für die Nu-Zahl.

Von den untersuchten Kriterien und Parametern eignet sich die Kombination von ψ_g mit P100 am besten für die Adaption im rotierenden Zylinderspalt, da für die Nu-Zahl und den Drift die größte Verbesserung erzielt werden konnte.

7. Zusammenfassung

Die vorliegende Arbeit beschäftigt sich mit dem Einsatz und der Weiterentwicklung einer r-adaptiven Methode zur Umverteilung einer gegebenen Anzahl von Gitterpunkten. Eingesetzt im Rahmen der Strömungssimulation dient sie dazu, den globalen Fehler zu minimieren. Mit Hilfe der ALE-Formulierung ist die Lösung der Transportgleichungen von Masse, Impuls und Temperatur auf bewegten Gittern möglich. Verschiedene Strategien zur Umsetzung der MMPDE wurden untersucht, wobei sowohl die Bewegung von Zelleckpunkten als auch von Zellmittelpunkten, kombiniert mit einem notwendigen Interpolationsschritt zur Bestimmung der Eckpunkte, umgesetzt wurde. Die turbulente Strömung über periodische Hügel diente als geeigneter erster Testfall zur Erprobung von Adaptionsstrategien und LES-spezifischen Kriterien auf Basis gemittelter Größen. Für die instationäre Adaption anhand von Momentangrößen erwies sich der rotierende, unterschiedlich beheizte Annulus als große Herausforderung in mehrfacher Hinsicht. Die beinhaltete gekrümmte Geometrie zeigte Schwächen der r-adaptiven Methode auf, die mit Hilfe geeigneter Ansätze kompensiert werden konnten. Die Beeinflussung der Stabilität des numerischen Lösers durch eine kontinuierliche Gitterbewegung verlangt Beachtung bei der Wahl geeigneter Parameter der MMPDE.

Zur Motivation der Arbeit wurden im Abschnitt 1.3 verschiedene Fragen formuliert, zu deren Klärung die Arbeit beitragen will. Im Folgenden werden diese Fragen wieder aufgegriffen und mit den gewonnenen Ergebnissen der vorangegangenen Kapitel diskutiert.

(1) Wie kann die NBG unter Berücksichtigung der Umsetzung der pPDE realisiert werden?

Der bereits vorhandene Strömungslöser mit einer Finite-Volumen-Methode und zellzentrierter Variablenanordnung macht die Umsetzung der NBG für Zellzentren erstrebenswert. Die dabei auftretenden, mathematisch begründeten Schwierigkeiten der Bestimmung eines zulässigen Gitters aus einer gegebenen Verteilung von Zellmittelpunkten wurden im ersten Schritt durch Realisierung der NBG für Zelleckpunkte umgangen. Jedoch ist eine solche Umsetzung schwierig zu parallelisieren und fehleranfällig in der Programmierung.
Die Bewegung von Zellmittelpunkten kann mit Hilfe einer Interpolationsmethode zur Bestimmung der Eckpunkte ebenfalls einen funktionsfähigen Algorithmus zur Gitteradaption bilden. Verschiedenartig motivierte Interpolationsansätze wurden untersucht, wovon jedoch ein Großteil für den allgemeinen Gebrauch als ungeeignet bewertet wurde. Die Interpolation auf Basis der Seitenhalbierenden MI mit dem Korrekturfaktor λ erweist sich als robustes Verfahren für die Anwendung.

(2) Welche Kriterien sind für LES turbulenter Strömungen und die Berechnung von Strömungen mit Temperatureinfluss geeignet?

Beide Adaptionen sind grundlegend verschieden. Während die LES der turbulenten Hügelströmung ein im statistischen Sinne optimales Gitter anstrebt, handelt es sich beim rotierenden Zylinderspalt um ein instationäres Problem ohne ein stationäres Zielgitter. Entsprechend kommen für die turbulente Strömung nur Kriterien, die auf Mittelwerten in Zeit und Spannweitenrichtung beruhen, zum Einsatz. Dabei erwiesen sich die Produktion der TKE $\psi_{\mathrm{P_k}}$ und der Betrag des Gradienten der Geschwindigkeit $\langle\bar{u}\rangle$, ψ_{gu}, als besonders geeignet. Weitere Kriterien beruhten auf der TKE selbst, auf der modellierten Schubspannung oder auf der turbulenten Viskosität. Letzteres zeigte jedoch, dass nicht jedes LES-spezifische Kriterium eine Verbesserung erreicht.

Der rotierende Zylinderspalt mit unterschiedlich beheizten Wänden zeigt bei $\Omega = 0.635\,\mathrm{rad/s}$ und $\Delta T = 8\,\mathrm{K}$ ein laminares Strömungsregime, so dass die LES-spezifischen Kriterien des Hügels hier kaum Anwendung finden können. Als geeignetes Kriterium erweist sich der horizontale Temperaturgradient ψ_{T}. Weiterhin zeigt der Betrag des Gradienten des Geschwindigkeitsbetrages ψ_{g} eine gute Eignung für diese Strömung. Mit Hilfe der Limitierung von ψ_{T} kann ein Kriterium zur Detektion und zum Verfolgen der Welle, ψ_{T50}, definiert werden.

(3) Gibt es einen universellen Satz von Parametern der MMPDE oder ein universelles Kriterium?

Die Steuerung der Adaption erfolgt mit Hilfe der beiden globalen Parameter τ und α. Die Zeitskala der MMPDE, die Bewegung des Gitters innerhalb eines Zeitschrittes, wird mittels τ gesteuert. Zur Justierung der Größe der Monitorfunktion dient α und definiert damit gleichzeitig die Größe der Gradienten, die ebenfalls Einfluss auf die Lösung der MMPDE haben. Während sich für die Hügelströmung $\tau = 0.01$ und $\alpha = 100$ als geeigneter Parametersatz erwies, führte er im Annulus zur Divergenz des Lösers der physikalischen Erhaltungsgleichungen. Grund dafür sind die zu großen Bewegungen des Gitters im Zeitschritt. Hier wurde als bessere Kombination $\tau = 0.5$ und $\alpha = 100$ ermittelt. Die Wahl der Parameter kann daher nicht universell erfolgen.

Ähnliches ist für die Kriterien festzustellen. Das auftretende Strömungsregime, laminare oder turbulente Strömung, hat ebenso maßgeblichen Einfluss auf die Wahl eines geeigneten Kriteriums wie das Ziel der Adaption. Dies kann, wie am Beispiel des Hügels gezeigt, die Verbesserung der mittleren Strömung sein. Die direkte Verfolgung von Strömungsphänomenen, wie beispielsweise Wirbeln oder der baroklinen Welle, ist ebenfalls möglich und erfordert eine Adaption anhand momentaner Größen.

(4) Welche Verbesserung in der Simulation kann eine adaptive Methode für die gewählten Testfälle erreichen?

Für die Strömung über periodische Hügel konnten ψ_{gu}, basierend auf dem Gradienten der Geschwindigkeit $\langle\bar{u}\rangle$, und $\psi_{\mathrm{P_k}}$, basierend auf der Produktion der TKE, eine signifikante Verbesserung der Statistiken der mittleren Strömung auf den jeweiligen finalen, stationären Gittern im Vergleich zum Ergebnis des Anfangsgitters erreichen. Die zusätzlich durchgeführten Modifikationen der adaptiven Prozedur konnten die benötigte Rechenzeit um mehr als eine Größenordnung reduzieren.

Für die thermisch getriebene Strömung im rotierenden Zylinderspalt konnte die deutlichste Verbesserung für den Betrag des Gradienten des Geschwindigkeitsbetrages ψ_g als Zielgröße der Adaption erreicht werden. Weiterhin gute Ergebnisse zeigte der horizontale Temperaturgradient ψ_T. Die direkte Verfolgung der Welle mit Hilfe des Kriteriums ψ_T50 konnte keine entscheidende Verbesserung der Nu-Zahl und des Driftes c_d erzeugen.

(5) Kann die r-adaptive Methode noch in anderer Form einen Gewinn bringen?

Im Gegensatz zu stationären Gittern kann sich bei der r-adaptiven Methode das Gitter kontinuierlich an sich zeitlich verändernde Strömungen anpassen, was die Anzahl der benötigten Gitterpunkte deutlich reduziert. Weiterhin ist die Qualität des Startgitters nicht von entscheidender Wichtigkeit, da auch mit einem deutlich einfacher generierten Startgitter (bspw. äquidistant in alle Richtungen) bei der Strömung über periodische Hügel gleichwertige Ergebnisse erzielt wurden.

(6) Gibt es Limitierungen der r-adaptiven Methode, die berücksichtigt werden müssen?

Die r-Adaption ist gekennzeichnet durch eine feste Anzahl von Gitterpunkten mit einer definierten Anzahl je Raumrichtung im Falle strukturierter Gitter. Dieser Umstand ist ein großer Vorteil der Methode, er ermöglicht eine einfache Datenstruktur im Programm, da stets nur die Einträge der Matrizen geändert werden, nicht aber deren Größe. Zudem ermöglicht dies die einfache Parallelisierung ohne Verluste in der Rechenzeit durch ungleichmäßige Prozessorauslastung. Allerdings kann die festgelegte Anzahl der Punkte das Erreichen einer gewünschten Genauigkeit der Lösung verhindern, wenn zu wenige Punkte im Gebiet vorhanden sind.

Die vorliegende Arbeit hat deutlich gezeigt, welchen Mehrwert die Anwendung r-adaptiver Gitter im Bereich der LES turbulenter Strömungen erzielen kann. Im Zusammenhang mit turbulenten Strömungen sind weitere Untersuchungen zur Interaktion der Adaption mit der Zellgröße notwendig. Gerade im Bereich nahe der Wand, wo häufig Wandmodelle Anwendung finden und deshalb ein grobes Gitter nicht von Nachteil ist, besteht Untersuchungsbedarf hinsichtlich der Steuerung der Adaption.

Die Simulation dichteveränderlicher Strömungen im rotierenden Annulus zeigt das Potential der MMPDE für die instationäre Adaption. Hierbei ist die Kombination der Gitterbewegung mit der turbulenten Strömung im beheizten Zylinderspalt ein noch offenes Thema, um die Kriterien, eingesetzt für die LES der Hügelströmung, erneut zu prüfen.

Die Anwendung der MMPDE in gekrümmten Geometrien führt in ihrer ursprünglichen Form zu einer ungewollten Gitterbewegung. Dies zeigte eine Schwachstelle der Methodik auf, die für das in Zylinderkoordinaten ausgerichtete Gitter des Annulus kompensiert werden kann. Im Bereich beliebig gekrümmter Geometrien, wie sie in Anwendungen aus dem Ingenieursbereich typisch sind, besteht jedoch Handlungsbedarf, da die Kompensation durch eine analytisch bestimmte zusätzliche Monitorfunktion ω_{M} zumeist nicht möglich ist. Hier liefert die Modifikation des Adaptionsfunktionals einen vielversprechenden Ansatz, der weiter untersucht werden sollte.

Literaturverzeichnis

[1] http://www.metstroem.mi.fu-berlin.de.

[2] Stand: 10. Mai 2014. http://www.tu-cottbus.de/metstroem2/.

[3] D. Ait-Ali-Yahia, G. Baruzzi, W.G. Habashi, M. Fortin, J. Dompierre, and M.-G. Vallet. Anisotropic mesh adaptation: towards user-independent, mesh-independent and solver-independent CFD. Part II. structured grids. *International Journal for Numerical Methods in Fluids*, 39(8):657–673, 2002.

[4] M.J. Baines, M.E. Hubbard, and P.K. Jimack. Velocity-based moving mesh methods for nonlinear partial differential equations. *Communications in Computational Physics*, 10:509–576, 2011.

[5] G. Beckett and J.A. Mackenzie. Convergence analysis of finite difference approximations on equidistributed grids to a singularly perturbed boundary value problem. *Applied Numerical Mathematics*, 35(2):87–109, 2000.

[6] G. Beckett, J.A. Mackenzie, A. Ramage, and D.M. Sloan. On the numerical solution of one-dimensional PDEs using adaptive methods based on equidistribution. *Journal of Computational Physics*, 167(2):372–392, 2001.

[7] L.C. Berselli, T. Iliescu, and M.J. Layton. *Mathematics of Large Eddy Simulation of Turbulent Flows.* Springer-Verlag Heidelberg Berlin, 1. Auflage, 2006.

[8] J.U. Brackbill and J.S. Saltzman. Adaptive zoning for singular problems in two dimensions. *Journal of Computational Physics*, 46(3):342–368, 1982.

[9] M. Breuer, N. Peller, Ch. Rapp, and M. Manhart. Flow over periodic hills - numerical and experimental study in a wide range of Reynolds numbers. *Computers & Fluids*, 38(2):433–457, 2009.

[10] C.J. Budd, W. Huang, and R.D. Russell. Adaptivity with moving grids. *Acta Numerica*, 18:111–241, 2009.

[11] C.J. Budd and J.F. Williams. Parabolic Monge-Ampère methods for blow-up problems in several spatial dimensions. *Journal of Physics A: Mathematical and General*, 39(19):5425–5444, 2006.

[12] W. Cao, W. Huang, and R.D. Russell. An r-adaptive finite element method based upon moving mesh PDEs. *Journal of Computational Physics*, 149:221–244, 1999.

[13] W. Cao, W. Huang, and R.D. Russell. A study of monitor functions for two-dimensional adaptive mesh generation. *SIAM Journal on Scientific Computing*, 20:1978–1994, 1999.

[14] W. Cao, W. Huang, and R.D. Russell. Comparison of two-dimensional r-adaptive finite element methods using various error indicators. *Mathematics and Computers in Simulation*, 56:127–143, 2001.

[15] W. Cao, W. Huang, and R.D. Russell. Approaches for generating moving adaptive meshes: location versus velocity. *Applied Numerical Mathematics*, 47:121–138, 2003.

[16] H.D. Ceniceros and T.Y. Hou. An efficient dynamically adaptive mesh for potentially singular solutions. *Journal of Computational Physics*, 172(2):609–639, 2001.

[17] A. van Dam. *Go with the flow: Moving meshes and solution monitoring for compressible flow simulation*, Dissertation, Universität Utrecht, Niederlande, 2009.

[18] A. van Dam and P.A. Zegeling. Balanced monitoring of flow phenomena in moving mesh methods. *Communications in Computational Physics*, 7(1):138–170, 2010.

[19] J. Dompierre, M.-G. Vallet, Y. Bourgault, M. Fortin, and W.G. Habashi. Anisotropic mesh adaptation: towards user-independent, mesh-independent and solver-independent CFD. Part III. unstructured meshes. *International Journal for Numerical Methods in Fluids*, 39(8):675–702, 2002.

[20] F. Ducros, F. Nicoud, and T. Poinsot. Wall-adapting local eddy-viscosity models for simulations in complex geometries. *Numerical Methods for Fluid Dynamics VI*, 293–299, 1998.

[21] A.S. Dvinsky. Adaptive grid generation from harmonic maps on Riemannian manifolds. *Journal of Computational Physics*, 95(2):450–476, 1991.

[22] P.R. Eiseman. Adaptive grid generation. *Computer Methods in Applied Mechanics and Engineering*, 64(1-3):321–376, 1987.

[23] D. Etling. *Theoretische Meteorologie. Eine Einführung.* Springer Verlag, 3. Auflage, 2008.

[24] J.H. Ferziger and M. Perić. *Numerische Strömungsmechanik.* Springer Verlag, 3. Auflage, 2008.

[25] R.W. Fox, P.J. Pritchard, and A.T. McDonald. *Introduction to Fluid Mechanics.* John Wiley & Sons Pte Ltd, 7. Auflage, 2010.

[26] D. Franz. *Statistik. Eine Einführung in die Wahrscheinlichkeitsrechnung, Qualitätskontrolle und Zuverlässigkeit für Techniker und Ingenieure.* Hüthig Buch Verlag Heidelberg, 1. Auflage, 1991.

[27] J. Fröhlich. *Large Eddy Simulation turbulenter Strömungen.* Teubner Verlag, 1. Auflage, 2006.

[28] J. Fröhlich, C.P. Mellen, W. Rodi, L. Temmerman, and M.A. Leschziner. Highly resolved large-eddy simulation of separated flow in a channel with streamwise periodic constrictions. *Journal of Fluid Mechanics*, 526:19–66, 2005.

[29] M. Germano, U. Piomelli, P. Moin, and W.H. Cabot. A dynamic subgrid-scale eddy viscosity model. *Physics of Fluids A: Fluid Dynamics*, 3(7):1760–1765, 1991.

[30] B.J. Geurts and J. Fröhlich. A framework for predicting accuracy limitations in large-eddy simulation. *Physics of Fluids*, 14(6):L41–L44, 2002.

[31] A. Guardone, D. Isola, and G. Quaranta. Arbitrary Lagrangian Eulerian formulation for two-dimensional flows using dynamic meshes with edge swapping. *Journal of Computational Physics*, 230(20):7706–7722, 2011.

[32] W.G. Habashi, J. Dompierre, Y. Bourgault, D. Ait-Ali-Yahia, M. Fortin, and M.-G. Vallet. Anisotropic mesh adaptation: towards user-independent, mesh-independent and solver-independent CFD. Part I: general principles. *International Journal for Numerical Methods in Fluids*, 32(6):725–744, 2000.

[33] U. Harlander, T. von Larcher, Y. Wang, and C. Egbers. PIV- and LDV-measurements of baroclinic wave interactions in a thermally driven rotating annulus. *Experiments in Fluids*, 51(1):37–49, 2011.

[34] D.F. Hawken, J.J. Gottlieb, and J.S. Hansen. Review of some adaptive node-movement techniques in finite-element and finite-difference solutions of partial differential equations. *Journal of Computational Physics*, 95(2):254–302, 1991.

[35] C. Hertel, M. Joppa, B. Krull, and J. Fröhlich. Elimination of curvature-induced grid motion for r-adaptation. In J. Fröhlich, H. Kuerten, B. J. Geurts, and V. Armenio, editors, *Direct and Large-Eddy Simulation IX*, S. 155–160, 2015.

[36] C. Hertel, M. Schümichen, J. Lang, and J. Fröhlich. Using a moving mesh PDE for cell centers to adapt a finite volume grid. *Flow, Turbulence and Combustion*, 90(4):785–812, 2013.

[37] C. Hertel, M. Schümichen, S. Löbig, J. Lang, and J. Fröhlich. Adaptive large eddy simulation with moving grids. *Theoretical and Computational Fluid Dynamics*, 27(6):817–841, 2013.

[38] S. Hickel, T. Kempe, and N.A. Adams. Implicit large-eddy simulation applied to turbulent channel flow with periodic constrictions. *Theoretical and Computational Fluid Dynamics*, 22:227–242, 2008.

[39] R. Hide and P.J. Mason. Sloping convection in a rotating fluid. *Advances in Physics*, 24(1):47–100, 1975.

[40] P. Hignett, A.A. White, R.D. Carter, W.D.N. Jackson, and R.M. Small. A comparison of laboratory measurements and numerical simulations of baroclinic wave flows in a rotating cylindrical annulus. *Quarterly Journal of the Royal Meteorological Society*, 111(467):131–154, 1985.

[41] C. Hinterberger. *Dreidimensionale und tiefengemittelte Large-Eddy-Simulation von Flachwasserströmungen.* Dissertation, Institut für Hydromechanik, Universtität Karlsruhe, 2004.

[42] C. Hinterberger, J. Fröhlich, and W. Rodi. Three-dimensional and depth-averaged large-eddy simulations of some shallow water flows. *Journal of Hydraulic Engineering*, 133(8):857–872, 2007.

[43] W. Huang. Practical aspects of formulation and solution of moving mesh partial differential equations. *Journal of Computational Physics*, 171:753–775, 2001.

[44] W. Huang, Y. Ren, and R.D. Russell. Moving mesh methods based on moving mesh partial differential equations. *Journal of Computational Physics*, 113(2):279–290, 1994.

[45] W. Huang, Y. Ren, and R.D. Russell. Moving mesh partial differential equations (MMPDEs) based on the equidistribution principle. *SIAM Journal on Numerical Analysis*, 31(3):709–730, 1994.

[46] W. Huang and R.D. Russell. A high dimensional moving mesh strategy. *Applied Numerical Mathematics*, 26:63–76, 1998.

[47] W. Huang and R.D. Russell. Moving mesh strategy based on a gradient flow equation for two-dimensional problems. *SIAM Journal of Scientific Computation*, 20(3):998–1015, 1999.

[48] W. Huang and R.D. Russell. *Adaptive Moving Mesh Methods.* 1. Auflage, Springer, 2011.

[49] W. Huang and W. Sun. Variational mesh adaptation II: error estimates and monitor functions. *Journal of Computational Physics*, 184:619–648, 2003.

[50] O.-P. Jacquotte. Generation, optimization and adaptation of multiblock grids around complex configurations in computational fluid dynamics. *International Journal for Numerical Methods in Engineering*, 34(2):443–454, 1992.

[51] O.-P. Jacquotte and G. Coussement. Structured mesh adaption: Space accuracy and interpolation methods. *Computer Methods in Applied Mechanics and Engineering*, 101(1-3):397–432, 1992.

[52] M. Joppa. *Instationäre r-Adaption von Zellmittelpunkten*, Großer Beleg, Institut für Strömungsmechanik, TU Dresden, 2012.

[53] D. Kirchner. *Adaptive moving finite elements on time dependent domains*, Dissertation, Fachbereich Mathematik, TU Darmstadt, Deutschland, 2007.

[54] B. Krull. *Vermeidung von krümmungsinduzierter Gitterbewegung bei r-Adaption*, Großer Beleg, Institut für Strömungsmechanik, TU Dresden, 2013.

[55] C. Kühnlein. *Solution-adaptive moving mesh solver for geophysical flows*, Dissertation, Ludwig-Maximilians-Universität München, Deutschland, 2011.

[56] C. Kühnlein, P.K. Smolarkiewicz, and A. Dörnbrack. Modelling atmospheric flows with adaptive moving meshes. *Journal of Computational Physics*, 231(7):2741–2763, 2012.

[57] J. Lang, W. Cao, W. Huang, and R.D. Russell. A two-dimensional moving finite element method with local refinement based on a posteriori error estimates. *Applied Numerical Mathematics*, 46:75–94, 2003.

[58] A. Leonard. Energy cascade in large-eddy simuations of turbulent fluid flows. *Advances in Geophysics*, 18A:16–42, 1974.

[59] C. Liersch, M. Frankenbach, J. Fröhlich, and J. Lang. Recent progress in designing moving meshes for complex turbulent flows. *Meteorologische Zeitschrift*, 23(4):425–439, 2014.

[60] C.P. Mellen, J. Fröhlich, and W. Rodi. Large eddy simulation of the flow over periodic hills. In *16th IMACS World Congress*, 2000.

[61] Private Kommunikation mit M. Vincze, Brandenburgische Technische Universität Cottbus-Senftenberg, Deutschland, 2013.

[62] R.T. Pierrehumbert and K.L. Swanson. Baroclinic instability. *Annual Review of Fluid Mechanics*, 27(1):419–467, 1995.

[63] S.B. Pope. *Turbulent flows.* Cambridge University Press, 7. Auflage, 2010.

[64] A. Randriamampianina, W.-G. Früh, P.L. Read, and P. Maubert. Direct numerical simulations of bifurcations in an air-filled rotating baroclinic annulus. *Journal of Fluid Mechanics*, 561:359–389, 2006.

[65] Ch. Rapp and M. Manhart. Flow over periodic hills: an experimental study. *Experiments in Fluids*, 51(1):247–269, 2011.

[66] P.L. Read. Transition to geostrophic turbulence in the laboratory, and as a paradigm in atmospheres and oceans. *Surveys in Geophysics*, 22(3):265–317, 2001.

[67] P.L. Read, M.J. Bell, D.W. Johnson, and R.M. Small. Quasi-periodic and chaotic flow regimes in a thermally-driven, rotating fluid annulus. *Journal of Fluid Mechanics*, 238:599–632, 1992.

[68] P.L. Read, P. Maubert, A. Randriamampianina, and W.-G. Früh. Direct numerical simulation of transitions towards structural vacillation in an air-filled, rotating, baroclinic annulus. *Physics of Fluids*, 20(4):044107, 2008.

[69] C.M. Rhie and W.L. Chow. Numerical study of the turbulent flow past an airfoil with trailing edge separation. *AIAA Journal*, 21:1525–1532, 1983.

[70] P. Sagaut. *Large Eddy Simulation of Incompressible Flows.* Springer, 2. Auflage, 2002.

[71] U. Schumann. Linear stability of finite difference equations for three-dimensional flow problems. *Journal of Computational Physics*, 18:465–470, 1975.

[72] J. Smagorinsky. General circulation experiments with the primitive equations, I, the basic experiment. *Monthly Weather Review*, 91:99–164, 1963.

[73] J.H. Spurk. *Strömungslehre. Einführung in die Theorie der Strömungen.* Springer Verlag, 1. Auflage, 1987.

[74] H.L. Stone. Iterative solution of implicit approximation of multidimensional partial differential equations. *SIAM Journal on Numerical Analysis*, 5:530–558, 1968.

[75] L. Temmerman, M.A. Leschziner, C.P. Mellen, and J. Fröhlich. Investigation of wall-function approximations and subgrid-scale models in large eddy simulation of separated flow in a channel with streamwise periodic constrictions. *International Journal of Heat and Fluid Flow*, 24:157–180, 2003.

[76] P.D. Thomas and C.K. Lombard. Geometric conservation law and its application to flow computations on moving grids. *AIAA Journal*, 17(10):1030–1037, 1979.

[77] J.F. Thompson. A survey of dynamically-adaptive grids in the numerical solution of partial differential equations. *Applied Numerical Mathematics*, 1(1):3–27, 1985.

[78] J.F. Thompson, Z.U.A. Warsi, and C.W. Mastin. Boundary-fitted coordinate systems for numerical solution of partial differential equations - a review. *Journal of Computational Physics*, 47(1):1–108, 1982.

[79] M. Vincze, S. Borchert, U. Achatz, T. von Larcher, M. Baumann, C. Liersch, S. Remmler, T. Beck, K. Alexandrov, C. Egbers, J. Froehlich, V. Heuveline, S. Hickel, and U. Harlander. Benchmarking in a rotating annulus: a comparative experimental and numerical study of baroclinic wave dynamics. *Meteorologische Zeitschrift*, 23(6):611–635, 2015.

[80] T. von Larcher. *Zur Stabilität barokliner Wellen im starr rotierenden Zylinderspalt.* Dissertation, Fortschritt-Berichte VDI, Reihe 7, Nr. 486, 2007.

[81] T. von Larcher and C. Egbers. Experiments on transitions of baroclinic waves in a differentially heated rotating annulus. *Nonlinear Processes in Geophysics*, 12:1033–1041, 2005.

[82] S. Šarić, S. Jakirlić, M. Breuer, B. Jaffrézic, G. Deng, O. Chikhaoui, J. Fröhlich, D. von Terzi, M. Manhart, and N. Peller. Evaluation of detached eddy simulations for predicting the flow over periodic hills. In *ESAIM: Proceedings*, 16:133–145, 2007.

[83] H. Werner and H. Wengle. Large-eddy simulation of turbulent flow over and around a cube in a plane channel. F. Durst, R. Friedrich, B. Launder, F. Schmidt, U. Schumann, J. Whitelaw (Editoren). In *Selected Papers from the 8th Symposium on Turbulent Shear Flows.* 155–168, Springer, 1993.

[84] A.M. Winslow. Numerical solution of the quasilinear poisson equation in a nonuniform triangle mesh. *Journal of Computational Physics*, 1(2):149–172, 1966.

[85] J. Zhu. FAST-2D: A computer program for numerical simulation of two-dimensional incompressible flows with complex boundaries. Report 690, Institut für Hydromechanik, Universität Karlsruhe, 1991.

A. Diskretisierung der MMPDE

A.1. Ableitungen im Raum mittels zentraler Differenzen

Diskretisierung erster Ableitung nach den Referenzkoordinaten ξ_1, ξ_2, ξ_3, wobei diese mit den Indexrichtungen i, j, k korrespondieren:

$$\left.\frac{\partial x}{\partial \xi_1}\right|_{i,j,k} \approx \frac{x_{i+1,j,k} - x_{i-1,j,k}}{2\,\Delta\xi_1}, \tag{A.1}$$

$$\left.\frac{\partial x}{\partial \xi_2}\right|_{i,j,k} \approx \frac{x_{i,j+1,k} - x_{i,j-1,k}}{2\,\Delta\xi_2}, \tag{A.2}$$

$$\left.\frac{\partial x}{\partial \xi_3}\right|_{i,j,k} \approx \frac{x_{i,j,k+1} - x_{i,j,k-1}}{2\,\Delta\xi_3}. \tag{A.3}$$

Diskretisierung der zweiten Ableitung in die gleiche Richtung:

$$\left.\frac{\partial^2 x}{\partial \xi_1 \partial \xi_1}\right|_{i,j,k} \approx \frac{x_{i+1,j,k} - 2\,x_{i,j,k} + x_{i-1,j,k}}{(\Delta\xi_1)^2}, \tag{A.4}$$

$$\left.\frac{\partial^2 x}{\partial \xi_2 \partial \xi_2}\right|_{i,j,k} \approx \frac{x_{i,j+1,k} - 2\,x_{i,j,k} + x_{i,j-1,k}}{(\Delta\xi_2)^2}, \tag{A.5}$$

$$\left.\frac{\partial^2 x}{\partial \xi_3 \partial \xi_3}\right|_{i,j,k} \approx \frac{x_{i,j,k+1} - 2\,x_{i,j,k} + x_{i,j,k-1}}{(\Delta\xi_3)^2}. \tag{A.6}$$

Diskretisierung der gemischten zweiten Ableitung:

$$\left.\frac{\partial^2 x}{\partial \xi_1 \partial \xi_2}\right|_{i,j,k} \approx \frac{x_{i+1,j+1,k} - x_{i-1,j+1,k} - x_{i+1,j-1,k} + x_{i-1,j-1,k}}{4\,\Delta\xi_1\,\Delta\xi_2}, \tag{A.7}$$

$$\left.\frac{\partial^2 x}{\partial \xi_1 \partial \xi_3}\right|_{i,j,k} \approx \frac{x_{i+1,j,k+1} - x_{i-1,j,k+1} - x_{i+1,j,k-1} + x_{i-1,j,k-1}}{4\,\Delta\xi_1\,\Delta\xi_3}, \tag{A.8}$$

$$\left.\frac{\partial^2 x}{\partial \xi_2 \partial \xi_3}\right|_{i,j,k} \approx \frac{x_{i,j+1,k+1} - x_{i,j-1,k+1} - x_{i,j+1,k-1} + x_{i,j-1,k-1}}{4\,\Delta\xi_2\,\Delta\xi_3}. \tag{A.9}$$

Die angegebenen Ableitungen finden in gleicher Weise Anwendung für die Koordinaten y und z sowie für die Monitorfunktion ω und die Bewegung der Zelleckpunkte, wobei dann $\tilde{x}$ an Stelle von x eingesetzt wird. Ebenfalls können Ableitungen zum alten Zeitpunkt t_n wie auch bei t_{n+1} bestimmt werden.

A.2. Basisvektoren

Covariante Basisvektoren, gebildet mit den oben aufgeführten Ableitungen an der Stelle (i, j, k):

$$\mathbf{a}_1 = \begin{pmatrix} \dfrac{\partial x}{\partial \xi_1} \\ \dfrac{\partial x}{\partial \xi_2} \\ \dfrac{\partial x}{\partial \xi_3} \end{pmatrix} \approx \begin{pmatrix} \dfrac{x_{i+1,j,k} - x_{i-1,j,k}}{2\,\Delta\xi_1} \\ \dfrac{x_{i,j+1,k} - x_{i,j-1,k}}{2\,\Delta\xi_2} \\ \dfrac{x_{i,j,k+1} - x_{i,j,k-1}}{2\,\Delta\xi_3} \end{pmatrix}, \tag{A.10}$$

$$\mathbf{a}_2 = \begin{pmatrix} \dfrac{\partial y}{\partial \xi_1} \\ \dfrac{\partial y}{\partial \xi_2} \\ \dfrac{\partial y}{\partial \xi_3} \end{pmatrix} \approx \begin{pmatrix} \dfrac{y_{i+1,j,k} - y_{i-1,j,k}}{2\,\Delta\xi_1} \\ \dfrac{y_{i,j+1,k} - y_{i,j-1,k}}{2\,\Delta\xi_2} \\ \dfrac{y_{i,j,k+1} - y_{i,j,k-1}}{2\,\Delta\xi_3} \end{pmatrix}, \tag{A.11}$$

$$\mathbf{a}_3 = \begin{pmatrix} \dfrac{\partial z}{\partial \xi_1} \\ \dfrac{\partial z}{\partial \xi_2} \\ \dfrac{\partial z}{\partial \xi_3} \end{pmatrix} \approx \begin{pmatrix} \dfrac{z_{i+1,j,k} - z_{i-1,j,k}}{2\,\Delta\xi_1} \\ \dfrac{z_{i,j+1,k} - z_{i,j-1,k}}{2\,\Delta\xi_2} \\ \dfrac{z_{i,j,k+1} - z_{i,j,k-1}}{2\,\Delta\xi_3} \end{pmatrix}. \tag{A.12}$$

Funktionaldeterminante:

$$J = \mathbf{a}_1 \cdot (\mathbf{a}_2 \times \mathbf{a}_3)\ . \tag{A.13}$$

Contravariante Basisvektoren:

$$\mathbf{a}^1 = \frac{1}{J}\,(\mathbf{a}_2 \times \mathbf{a}_3)\ , \tag{A.14}$$

$$\mathbf{a}^2 = \frac{1}{J}\,(\mathbf{a}_3 \times \mathbf{a}_1)\ , \tag{A.15}$$

$$\mathbf{a}^3 = \frac{1}{J}\,(\mathbf{a}_1 \times \mathbf{a}_2)\ . \tag{A.16}$$

A.3. Koeffizienten des Gleichungssystems

Resultierendes Gleichungssystem der MMPDE (3.14) für die vorläufigen Zellmittelpunkte x^*, resultierend aus der Anwendung von (A.1)-(A.9) und (3.20).

$$\begin{aligned} A_B\, x^*_{i,j,k-1} \,+\, A_S\, x^*_{i,j-1,k} \,+\, A_W\, x^*_{i-1,j,k} \,+\, A_P\, x^*_{i,j,k} \\ +\, A_E\, x^*_{i+1,j,k} \,+\, A_N\, x^*_{i,j+1,k} \,+\, A_T\, x^*_{i,j,k+1} \;=\; Q_P \end{aligned} \tag{A.17}$$

$$A_B \;=\; -\frac{a_{33}\,P}{(\Delta\xi_3)^2} + \frac{b_3\,P}{2\,\Delta\xi_3} \qquad A_T \;=\; -\frac{a_{33}\,P}{(\Delta\xi_3)^2} - \frac{b_3\,P}{2\,\Delta\xi_3} \tag{A.18}$$

$$A_S \;=\; -\frac{a_{22}\,P}{(\Delta\xi_2)^2} + \frac{b_2\,P}{2\,\Delta\xi_2} \qquad A_N \;=\; -\frac{a_{22}\,P}{(\Delta\xi_2)^2} - \frac{b_2\,P}{2\,\Delta\xi_2} \tag{A.19}$$

$$A_W \;=\; -\frac{a_{11}\,P}{(\Delta\xi_1)^2} + \frac{b_1\,P}{2\,\Delta\xi_1} \qquad A_E \;=\; -\frac{a_{11}\,P}{(\Delta\xi_1)^2} - \frac{b_1\,P}{2\,\Delta\xi_1} \tag{A.20}$$

$$A_P \;=\; \frac{\tau}{\Delta t} - \left[A_B + A_N + A_W + A_E + A_N + A_T\right] \tag{A.21}$$

$$\begin{aligned} Q_P \;=\; & \frac{\tau}{\Delta t}\, x^n_{i,j,k} \\ & + \frac{2\,a_{12}\,P}{4\,\Delta\xi_1\,\Delta\xi_2}\left(x^n_{i+1,j+1,k} - x^n_{i-1,j+1,k} - x^n_{i+1,j-1,k} + x^n_{i-1,j-1,k}\right) \\ & + \frac{2\,a_{13}\,P}{4\,\Delta\xi_1\,\Delta\xi_3}\left(x^n_{i+1,j,k+1} - x^n_{i-1,j,k+1} - x^n_{i+1,j,k-1} + x^n_{i-1,j,k-1}\right) \\ & + \frac{2\,a_{23}\,P}{4\,\Delta\xi_2\,\Delta\xi_3}\left(x^n_{i,j+1,k+1} - x^n_{i,j-1,k+1} - x^n_{i,j+1,k-1} + x^n_{i,j-1,k-1}\right) \end{aligned} \tag{A.22}$$

Die Koeffizienten $A_{B,..,T}$ und der Rechte-Seite-Vektor Q_P werden mit Werten zum Zeitpunkt t_n gebildet. Sofern nicht per Index angegeben, werden die Größen am Punkt (i,j,k) bestimmt.
Mit den Koeffizienten a_{ij} und b_i der MMPDE (3.14), gebildet aus Werten zum Zeitpunkt t_n:

$$a_{11} \;=\; \frac{1}{\omega}\left(\mathbf{a}^1\cdot\mathbf{a}^1\right) \qquad a_{12} \;=\; \frac{1}{\omega}\left(\mathbf{a}^1\cdot\mathbf{a}^2\right) \tag{A.23}$$

$$a_{13} \;=\; \frac{1}{\omega}\left(\mathbf{a}^1\cdot\mathbf{a}^3\right) \qquad a_{22} \;=\; \frac{1}{\omega}\left(\mathbf{a}^2\cdot\mathbf{a}^2\right) \tag{A.24}$$

$$a_{23} \;=\; \frac{1}{\omega}\left(\mathbf{a}^2\cdot\mathbf{a}^3\right) \qquad a_{33} \;=\; \frac{1}{\omega}\left(\mathbf{a}^3\cdot\mathbf{a}^3\right) \tag{A.25}$$

$$
\begin{aligned}
b_1 &= \sum_{i=1}^{3} \frac{1}{\omega^2} \left(\mathbf{a}^1 \cdot \mathbf{a}^i\right) \frac{\partial \omega}{\partial \xi_i} \\
&= \frac{1}{\omega} \left[a_{11} \frac{\omega_{i+1,j,k} - \omega_{i-1,j,k}}{2\,\Delta\xi_1} + a_{12} \frac{\omega_{i,j+1,k} - \omega_{i,j-1,k}}{2\,\Delta\xi_2} + a_{13} \frac{\omega_{i,j,k+1} - \omega_{i,j,k-1}}{2\,\Delta\xi_3} \right]
\end{aligned} \tag{A.26}
$$

$$
\begin{aligned}
b_2 &= \sum_{i=1}^{3} \frac{1}{\omega^2} \left(\mathbf{a}^2 \cdot \mathbf{a}^i\right) \frac{\partial \omega}{\partial \xi_i} \\
&= \frac{1}{\omega} \left[a_{12} \frac{\omega_{i+1,j,k} - \omega_{i-1,j,k}}{2\,\Delta\xi_1} + a_{22} \frac{\omega_{i,j+1,k} - \omega_{i,j-1,k}}{2\,\Delta\xi_2} + a_{23} \frac{\omega_{i,j,k+1} - \omega_{i,j,k-1}}{2\,\Delta\xi_3} \right]
\end{aligned} \tag{A.27}
$$

$$
\begin{aligned}
b_3 &= \sum_{i=1}^{3} \frac{1}{\omega^2} \left(\mathbf{a}^3 \cdot \mathbf{a}^i\right) \frac{\partial \omega}{\partial \xi_i} \\
&= \frac{1}{\omega} \left[a_{13} \frac{\omega_{i+1,j,k} - \omega_{i-1,j,k}}{2\,\Delta\xi_1} + a_{23} \frac{\omega_{i,j+1,k} - \omega_{i,j-1,k}}{2\,\Delta\xi_2} + a_{33} \frac{\omega_{i,j,k+1} - \omega_{i,j,k-1}}{2\,\Delta\xi_3} \right]
\end{aligned} \tag{A.28}
$$

Diese werden verwendet zur Bildung des lokalen Parameters P nach (3.12).

Symbol- und Abkürzungsverzeichnis

Lateinische Symbole

a_{ii}	Koeffizienten der MMPDE
$\boldsymbol{a}_i$	covariante Basisvektoren
$\boldsymbol{a}^i$	contravariante Basisvektoren
$A_{B,..,T}$	Koeffizienten der diskretisierten MMPDE
b_i	Koeffizienten der MMPDE
c	Faktor der statistischen Sicherheit
c_{d}	Driftgeschwindigkeit
C	Konstante
C_1, C_2, C_3	Konstanten
C_{S}	Konstante des Smagorinsky-Modells
d	Dimension
$\boldsymbol{e}_g$	Richtungsvektor der Erdbeschleunigung
f	Wachstumsfaktor
$\boldsymbol{f}$	Volumenkraftvektor
f_{scheme}	Sicherheitsfaktor der CFL-Bedingung
g	Erdbeschleunigung
g	Determinante der Matrix der Monitorfunktion
G	Filterkern
$\boldsymbol{G}$	Matrix der Monitorfunktion
$\boldsymbol{G}_A$	additiver Anteil der Monitorfunktion
$\boldsymbol{G}_M$	multiplikativer Anteil der Monitorfunktion
$\widetilde{\boldsymbol{G}}$	überlagerte Monitorfunktion
$\mathring{\boldsymbol{G}}$	verallgemeinerte Monitorfunktion
h	Höhe des Hügels bzw. Annulus
$\boldsymbol{I}$	Einheitsmatrix
$\mathcal{I}$	Funktional
$\mathring{\mathcal{I}}$	modifiziertes Funktional
$\boldsymbol{J}$	Jacobimatrix
J	Determinante der Jacobimatrix
J^{-1}	Determinante der inversen Jacobimatrix
k	Turbulente Kinetische Energie
L	Länge
m	Mode-Anzahl barokliner Wellen
M	Anzahl der Nachbarn einer Zelle im strukturierten Gitter
$\boldsymbol{M}$	Matrix

$\boldsymbol{n}$	Normalenvektor
N	Anzahl
N	Anzahl von Gitterpunkten
N_{A}	Anzahl der Adaptionen
N_{b}	Anzahl Adaptionen in einem adaptiven Block
N_{G}	Anzahl Glättungen
N_{k}	Anzahl Kriterien
N_{p}	Anzahl Perioden
N_{s}	Anzahl Stichproben
N_{T}	Anzahl Zeitschritte
N_{V}	Anzahl Zeitschritte zur Bildung der Mittelwerte
p	Druck
P	lokaler Parameter der MMPDE
$\boldsymbol{q}$	Vektor der Referenzkoordinaten
$\dot{q}$	Wärmestromdichte
Q_P	Rechte-Seite-Vektor der diskretisierten MMPDE
r	radiale Koordinate
r_0, r_N	spezielle Radien
r_{i}	Innenradius des Annulus
r_{a}	Außenradius des Annulus
s	Skalierungsfaktor
S	Oberfläche des diskreten Zellvolumens
$\boldsymbol{S}$	Deformationstensor
s_1, s_2, s_3	Bewegung Zellmittelpunkt im Verhältnis zu Basisvektoren der Zelle
S_{K}	Oberfläche des Kontrollvolumens
t	Zeit
T	Temperatur
t_{s}	Startzeit
T_i	Temperatur am inneren Radius des Annulus
T_a	Temperatur am äußeren Radius des Annulus
T_{V}	Mittlungszeit
$\boldsymbol{u} = (u, v, w)^T$ $= (u_1, u_2, u_3)^T$	Geschwindigkeitsvektor
u_b	mittlere Strömungsgeschwindigkeit in Hauptströmungsrichtung der turbulenten Hügelströmung
V	diskretes Zellvolumen
$\boldsymbol{v}_i$	$i$ter Basisvektor
$\mathbf{x} = (x, y, z)^T$ $= (x_1, x_2, x_3)^T$	Ortsvektor in kartesischen Koordinaten
$\mathbf{x}$	Vektor der Zellmittelpunkte
$\tilde{\mathbf{x}}$	Vektor der Zelleckpunkte
$\mathbf{x}^*$	Vektor der vorläufigen Zellmittelpunkte, bestimmt durch die MMPDE
$\mathring{\mathbf{x}}$	modifizierte Randmittelpunkte des Gitters
$\mathbf{x}_{\mathrm{q}}$, $\mathbf{x}_{\mathrm{a}}$, $\mathbf{x}_0$	spezielle Koordinatenvektoren
V_{K}	Kontrollvolumen

V_{M}	Materielles Volumen
x_{s}	x-Koordinate des Ablösepunktes
x_{r}	x-Koordinate des Wiederanlegepunktes

Griechische Symbole

α	Parameter der skalaren Monitorfunktion
α_T	thermischer Ausdehnungkoeffizient
β	Faktor der MI
γ	Gesamtdiffusivität
γ_{m}	laminare Diffusivität
γ_{t}	turbulente Diffusivität
δ	Maß für die Gitterbewegung
Δ	Filterweite
δ_{ij}	Kronecker-Delta-Funktion
δ_x	Maß für Abweichung zweier Zellmittelpunktverteilungen
$\delta\mathbf{x}$	Verschiebungsvektor der Mittelpunkte
Δt	Zeitschrittweite
Δt_{LES}	Zeitschrittweite der pPDE
$\Delta t_{\mathrm{MMPDE}}$	Zeitschrittweite der MMPDE
ΔT	Temperaturdifferenz
ΔV	Volumen, aufgespannt durch Seitenflächen eines Volumens zu zwei Zeitpunkten
Δr	Schrittweite in radialer Richtung
Δx	Schrittweite in x-Richtung
Δy	Schrittweite in y-Richtung
Δz	Schrittweite in z-Richtung
$\Delta\zeta$	Konfidenzintervall
$\Delta\xi_I$	Schrittweite im Rechenraum
$\boldsymbol{\epsilon}$	Abweichung
ε_{t}, ε_{N}, ε_{d}	relativer Fehler: Zeitschritt, Nu-Zahl und Drift
ζ	beliebige zeitabhängige Größe
ϑ	Koordinate
λ	Relaxationsfaktor der MI
κ	thermische Diffusivität
ν	Gesamtviskosität
ν_{m}	molare kinematische Viskosität
ν_{t}	turbulente Viskosität
$\boldsymbol{\xi} = (\xi_1, \xi_2, \xi_3)^T$	Ortsvektor in Referenzkoordinaten
π	Kreiszahl
Π_{jk}	Koeffizient
ρ	Dichte
σ	Standardabweichung

τ	globaler Parameter der MMPDE
$\boldsymbol{\tau}$	Tensor der Feinstrukturspannungen der Geschwindigkeit
Υ_k	Koeffizient
φ	Umfangskoordinate
ϕ	Interpolationsfaktor
Φ	Vektor der Feinstrukturspannungen der Temperatur
χ	Faktor zur Mittelwertbildung
ψ	Zielgröße der Adaption, auch QoI
ψ_{b}	QoI: Baroklinität
ψ_{g}	QoI: Betrag des Gradienten des Betrages des Geschwindigkeitsvektors
ψ_{gu}	QoI: Betrag des Gradienten der Geschwindigkeit in Hauptströmungsrichtung
ψ_{T}	QoI: Horizontaler Temperaturgradient
ψ_{T50}	QoI: Modifizierter horizontaler Temperaturgradient
ψ_{M}	Maximalwert der Summe der kombinierten und normierten Kriterien
$\psi_{\mathrm{P_k}}$	QoI: Produktion der TKE
$\psi_{\mathrm{tke,t}}$	QoI: modellierte TKE zu Maximalwert der Gesamten TKE
$\psi_{\mathrm{tke,c}}$	QoI: modellierte TKE zur Summe aus Gesamter TKE und konstantem Faktor
ψ_{ν}	QoI: turbulente zu Gesamtviskosität
ψ_{τ}	QoI: modellierte Schubspannung zur Gesamten
ω	skalare Monitorfunktion
Ω	Rotationsgeschwindigkeit um z-Achse des Annulus
$\boldsymbol{\Omega}$	Vektor der Rotationsgeschwindigkeit
ω_A	additiver Anteil der überlagerten, skalaren Monitorfunktion
ω_M	multiplikativer Anteil der überlagerten, skalaren Monitorfunktion
$\widetilde{\omega}$	überlagerte skalare Monitorfunktion
Ω_x	physikalisches Gebiet
Ω_ξ	Referenzgebiet

Indizes

$(\cdot)_c$	Seitenfläche
$(\cdot)_{\mathrm{g}}$	Gitter
$(\cdot)_{\mathrm{h}}$	horizontal
$(\cdot)_{i,j,k}$	Laufindex der Diskretisierung
$(\cdot)_{\mathrm{le}}$	Wärmeleitung
$(\cdot)_{\max}$	maximal
$(\cdot)_{\mathrm{med}}$	basierend auf den Seitenhalbierenden
$(\cdot)^{\mathrm{mod}}$	modelliert

$(.)^m$	Zählindex
$(.)^n$	diskreter Zeitpunkt
$(.)_p$	diskreter Punkt
$(.)_{\mathrm{ref}}$	Referenz
$(.)_{\mathrm{sgs}}$	Feinstruktur (engl. subgrid-scale)
$(.)_t$	Zeit
$(.)_{\mathrm{tke}}$	Turbulente Kinetische Energie
$(.)_{\mathrm{res}}$	aufgelöst
$(.)_{\mathrm{tot}}$	total bzw. gesamt
$(.)_{\mathrm{u}}$	ungestörter Zustand
$(.)_{\mathrm{x}}$	x-Richtung
$(.)_{\mathrm{y}}$	y-Richtung
$(.)_{\mathrm{z}}$	z-Richtung
$(.)_{\varphi}$	Umfangsrichtung

Weitere Symbole

$\bar{\phi}$	gefilterte Größe
$\langle\phi\rangle$	Mittelwert
ϕ'	Feinstrukturanteil
ϕ''	aufgelöste Fluktuationen
$\tilde{\phi}$	vorläufiger Wert
$\check{\phi}$	Vorgabe
$\lvert\phi\rvert$	Betrag

Abkürzungen

Abb.	Abbildung
ALDM	Adaptive Local Deconvolution Method
ALE	Arbitrary Lagrangean Eulerian
BI	Barokline Instabilität
BL	Basisprozedur
bspw.	beispielsweise
bzw.	beziehungsweise
CFL	Courant-Friedrich-Levy
CPU	Central Processing Unit
DES	Detached Eddy Simulation
DFZ	Durchflusszeit
d.h.	das heißt

DNS	Direkte Numerische Simulation
DSM	Dynamisches Smagorinsky-Modell
dt.	deutsch
engl.	englisch
Exp.	Experiment
FDM	Finite-Differenzen-Methode
FSM	Feinstrukturmodell
FSS	Feinstrukturspannungen
ggf.	gegebenenfalls
GI	Geometrische Interpolation
HLPA	Hybrid Linear/Parabolic Approximation (dt. monotones Konvektionsschema)
IDV	Interpolation des Verschiebungsfeldes
KGL	Kontinuitätsgleichung
LES	Large Eddy Simulation (dt. Grobstruktursimulation)
LESOCC2	Large Eddy Simulation on Curvilinear Coordinates 2nd edition (eingesetztes Programm)
MI	Interpolation auf Basis der Seitenhalbierenden
MMPDE	Moving Mesh Partial Differential Equation
MPI	Message Passing Interface
NBG	Netzbewegungsgleichung
NS	No slip (dt. Haftbedingung)
NSG	Navier-Stokes-Gleichungen
PDE	Partial Differential Equation (dt. partielle Differentialgleichung)
pPDE	Physical Partial Differential Equation (dt. physikalische partielle Differentialgleichung)
QoI	Quantity of Interest (dt. Kriterium der Adaption)
RANS	Reynolds Averaged Navier Stokes (dt. Reynolds-gemittelte Navier-Stokes)
SCL	Space Conservation Law (dt. Raumerhaltungsgesetz)
SIMPLE	Semi-implicit Method for Pressure Linked Equations
SIP	Strongly Implicit Procedure
SM	Smagorinsky-Modell
TGL	Temperaturgleichung
TKE	Turbulente Kinetische Energie
UG	unzulässiges Gitter
VD	van-Driest-Dämpfung
WALE	Wall-Adapting Local Eddy-viscosity
wGI	gewichtete Geometrische Interpolation
WW	Werner-und-Wengle-Wandfunktion
ZG	zulässiges Gitter